KB069866

기호를 알면 성격이 보이는 원소

화학자 엄마가 들려주는
원소와 주기율표 이야기

도영실 지음

(주)자음과모음

들어가는 글

주기율표가 뭐예요?

여러분, 과학 좋아하나요? 과학을 잘하고 싶어요? 그럼 지금부터 저와 함께 만나 볼 이야기들이 도움이 될 거예요.

과학은 세상이 어떻게 이루어져 있는지 그 진리와 법칙을 관찰 가능한 방법으로 탐구하는 분야입니다. 그중에서도 화학은 물질의 성질이나 구조에 따른 에너지 변화를 연구해요. 물질 또는 물질의 변화를 좀 더 자세히 들여다보는 일을 하죠. 그래서 화학적 지식과 원리를 알면 과학을 잘 이해할 수 있어요. 모든 과학 분야에서 다루는 기본적인 정보를 화학을 통해 알 수 있기 때문입니다.

그런데 문제는 화학과 처음 만나는 대부분의 청소년이 화학을 낯설고 어려워해요. 화학과 친해지려면 도대체 어떻게 해야 할까요? 화학을 어떻게 시작해야 좋을지 모르겠다면 먼저 주기율표와 친해져 보세요. 지금 여러분은 어쩌면 이런 생각을 하고 있을지도 모르겠어요. 주기율표는 또 뭐지?

정말이지 과학의 세계란 너무 어려운 것 같아요. 그렇죠?

세상은 '원소'라는 아주 작은 입자들로 이루어져 있어요. 지구뿐만 아니라 우주까지 지금 우리가 살고 있는 세계 전체가 작은 입자로 구성되어 있는 거예요. 그런데 더 놀라운 사실이 있습니다. 현재까지 알려진 바로는 지구에 존재하는 원소의 종류는 고작 118가지라는 점이에요. 118개 원소가 전부를 만든 거죠! 어떻게 그럴 수 있을까요? 여기에는 일정한 법칙이 숨어 있습니다. 주기율표를 보면 그 법칙을 엿볼 수 있어요.

수많은 과학자가 세상에 존재하는 물질의 비밀을 알아내고자 고대부터 끊임없이 연구하고 또 연구해 왔어요. 오랜 세월에 걸친 연구와 노력 끝에 물질의 기본 입자가 원소라는 것을 알아냈죠. 그리고 원소들은 일정한 규칙과 주기를 가지고 반복된다는 것이 밝혀졌어요. 이러한 원소의 성질을 고려하여 한눈에 보기 쉽게 가로줄(주기)과 세로줄(족)에 맞춰 정리해 놓은 것이 바로 주기율표예요.

그렇다면 주기율표는 어떤 성질을 기준으로 원소를 배열한 것일까요? 그 원리를 알고 나면 주기율표에서 원소의 위치만 보고도 어떤 성질과 특징을 가지고 있는지 알 수 있답니다. 다른 원소들과 사이가 좋은지 나쁜지도요. 신기하죠? 이렇게 주기율표에 담겨 있는 새롭고 재미있는 이야기를 함께 나누다 보면, 세상의 비밀을 알게 될지도 몰라요.

벌써부터 걱정하지는 마세요. 원소 118개를 구구단 외우듯 달달 외워야 할 필요는 없으니까요. 가볍고 편안한 마음으로 주기율표를 곁에 두고 제가 들려주는 이야기를 따라와 보세요. 이 책이 끝날 때쯤엔 어느새 주기율표를 이해하고 있는 자신을 만나게 될 거예요. 아주 간단하죠?

원소에 대해 알고 화학과 좀 더 친해진다면 그동안 당연하게 여겨 왔던 것들을 새롭게 바라볼 수 있을 거예요. 이를 통해 세상을 바라보는 시야를 넓힐 수 있을 뿐만 아니라 과학적 사고력도 기를

수 있죠. 화학 지식을 바탕으로 하는 여러 과학 분야에서 이루어지는 일들을 보다 쉽게 이해할 수 있고, 과학적으로 문제를 해결할 수 있는 능력이 생길 테니까요.

마지막으로 작은 바람이 있다면, 여러분이 화학을 어렵다고 생각하지 말았으면 해요. 쉽게 포기하기보다 차근차근 알아 가는 재미를 느껴 보면 좋겠어요. 지금 우리가 잘 알고 있는 사소한 과학적 사실도 알고 보면 실패와 좌절을 극복한 과학자들의 끊임없는 노력으로 얻을 수 있었다는 것을 기억하세요.

자, 그럼 신나는 주기율표 탐험을 시작해 볼까요?

도영실

차례

1장 원소들이 사는 주기율표

2장 원자가 결정하는 원소의 주소

3장 주기율표에서 원소 찾기

4장 원소야 원소야, 뭐 하니?

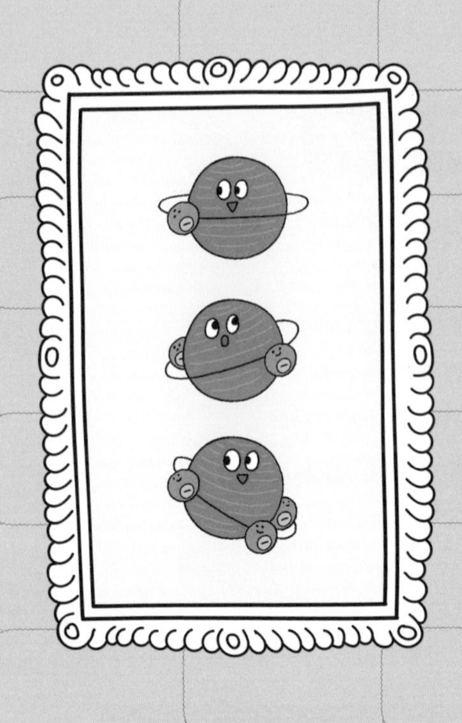

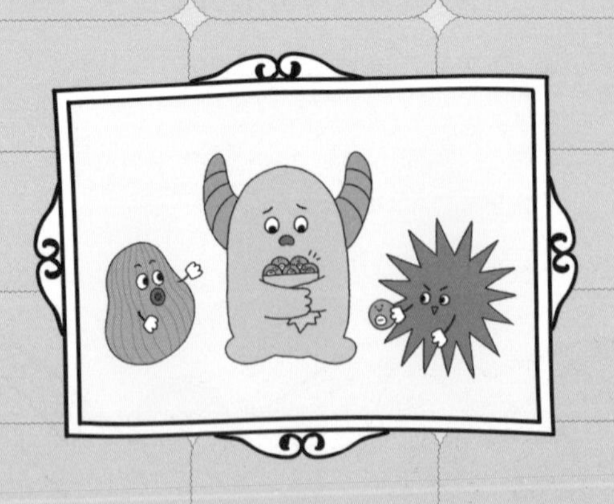

1장

원소들이 사는 주기율표

#세상에서 가장 작은 입자 #118가지 원소
#원소들의 MBTI #주기율표의 탄생

혼자서도 빛이 나는 솔로, 원소

물질은 무엇으로 만들어졌을까?

세상에는 참 많은 종류의 물질이 있습니다. 주위를 한번 둘러보세요. 종이, 유리, 나무, 철, 플라스틱, 도자기……. 잠시만 살펴보아도 수많은 물질에 둘러싸여 생활하고 있다는 것을 알 수 있어요. 우리는 셀 수 없을 만큼 무수히 많은 물질과 서로 긴밀하게 영향을 주고받으며 살아가고 있죠.

여러분이 매일 아침에 하는 일을 떠올려 보세요. 밝은 햇살에 눈을 비비며 잠에서 깬 뒤 씻고 학교에 갈 준비를 합니다. 햇볕을 듬뿍 받고 자란 곡식과 채소로 만든 음식을 먹고 집을 나서죠. 길가의 나무들을 바라보며 걷고, 버스와 지하철을 이용해 학교에 갑니다. 아침에 일어나 학교에 다다르는 동안 어떤 것들을 사용했나요? 시계, 이불, 비누, 수건, 로션 같은 생활용품부터 씻고 먹은 물, 쌀과 채소를 비롯한 먹거리, 버스와 지하철 등의 이동 수단까지 다양한 물질을 사용했을 거예요. 일상을 잠깐만 돌아보더라도 우리가 살면서 얼마나 많은 물질과 서로 영향을 주고받는지 알 수 있습니다.

이 물질들은 모두 어디에서 왔을까요? 그 종류를 하나하나 센다면 얼마나 많을까요? 세상에 존재하는 수많은 물질은 무엇으로 만들어졌을까요? 여러분은 혹시 이 세상의 물질과 생명이 무엇으로부터 시작되었는지 그 근원(根源)에 대해 생각해 본 적이 있나요?

아주 먼 옛날, 고민을 거듭한 끝에 스스로 이 질문의 답을 찾은 사람이 있습니다. 그는 동네 언덕길을 자주 걸었어요. 궁금한 것이 생기면 언덕길을 걸으며 골똘히 생각에 잠기곤 했죠. 어느 날 아침, 물질의 근원이 무엇인지 고민하며 언덕길을 걷던 그는 잠시 쉬어 가기 위해 멈춰 섰습니다. 그때 길가의 바위에 붙은 조개 화석을 우연히 발견했죠. 그리고 한 가지 생각을 떠올렸습니다.

'이 언덕이 아주 오래전에는 바다였을 수도 있겠구나!'

조개 화석을 바라보며 그는 한동안 깊은 생각에 잠겼어요. 문득 구름이 낀 하늘을 올려다본 순간, 그의 머리에 번뜩이는 생각이 또 한 번 스쳤습니다. 하늘에 떠 있는 구름이 모여 비가 되고, 땅에

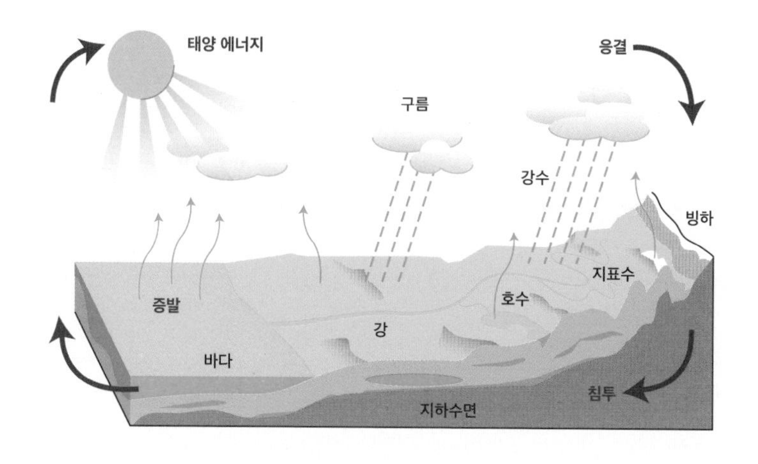

물의 지속적인 움직임을 나타내는 물의 순환

내린 빗물이 모여 강과 바다를 이루고, 뜨거운 햇빛을 받은 강물과 바닷물에서 증발한 수증기가 모여 구름이 되는 순환 과정을 떠올린 거예요. 그는 만물의 근원이 '물'일지도 모른다는 생각을 했습니다. 그리고 세상의 모든 것은 결국 어떤 '하나의 근본'으로부터 만들어진다는 결론에 이르게 되었어요. 이 사람이 바로 최초의 철학자 탈레스(Thales)입니다. 탈레스는 물질의 근원에 대해 처음으로 의문을 가진 사람이에요.

이후 과학자들은 물질을 이루는 기본 성분과 입자에 대한 호기심을 품고 연구를 거듭해 왔습니다. 원소의 정체를 마침내 하나둘

씩 알게 되었고, 원소에 대한 깊은 이해를 바탕으로 주기율표가 탄생할 수 있었어요.

결국 인류의 역사는 물질의 근원이 무엇인가에 대한 답을 찾아 나가는 과정이었다고도 볼 수 있어요. 그 안에서 철학, 인문, 연금술, 의학, 과학 등 다방면에서 발전이 이어졌죠.

세상의 모든 물질을 만든다고?

그리스의 철학자 아리스토텔레스(Aristoteles)는 이 세상에 존재하는 물질이 물, 불, 흙, 공기로 구성되어 있다는 '4원소설'을 주장했어요. 원소가 물질을 이루고 있는 기본 물질이라는 현대식 개념은 1661년 영국의 과학자 로버트 보일(Robert Boyle)이 처음으로 제시했죠.

원소는 더 이상 다른 물질로 쪼개지지 않는 순수한 물질을 구성하고 있는 기본 성분입니다. 그리고 현재까지 알려진 원소의 종류는 118가지예요. 이 중 90여 가지는 자연적으로 만들어진 것이고, 나머지는 인공적으로 만들어진 원소랍니다. 원소를 실험실에서 인공적으로 만들어 낼 수 있다니, 참 놀랍죠?

그렇다면 우리가 매일 먹고 마시는 물은 원소일까요, 아니면 서로 다른 원소가 모여 만든 화합물일까요? 물을 전기 분해하면 수소(H) 원소와 산소(O) 원소로 분리됩니다. '물'이라는 물질로 존재하던 수소와 산소 사이의 결합이 깨졌기 때문입니다. 결국 물은 더 이상 분해할 수 없는 원소가 아니에요. 수소와 산소, 두 원소가 만든 화합물입니다.

4원소설을 주장한 아리스토텔레스

주기율표에는 수소와 산소처럼 더 이상 다른 물질로 분해되지 않는 원소가 살고 있습니다. 세상에 존재하는 물질은 모두 주기율표에서 찾아볼 수 있는 원소들이 일정한 규칙을 가지고 결합하여 만들어진 것이랍니다. 즉, 세상을 이루고 있는 것들의 가장 기본 성분은 원소라고 할 수 있죠.

원소와 주기율표를 좀 더 쉽게 살펴볼까요? 수산시장이나 생선가게에 가 본 적 있나요? 생선가게 앞에 놓여 있는 좌판에는 여러 종류의 바닷속 생물이 질서정연하게 나열되어 있습니다. 이를 가만히 들여다보면 아무렇게나 놓여 있는 게 아니라는 것을 알 수 있어요. 종류와 특성에 따라 구분되어 있죠. 예를 들어, 고등어, 삼치, 꽁치 같은 등 푸른 생선은 등 푸른 생선끼리, 갈치, 조기, 가자

미 같은 반짝반짝 빛나는 몸을 가진 생선은 그와 비슷한 생선끼리 진열되어 있어요. 생선뿐만이 아닙니다. 시원한 국물 맛을 책임지는 바지락, 백상합, 굴, 홍합 같은 조개류, 꽃게나 새우처럼 딱딱한 껍질을 가진 갑각류 등 비슷한 종류별로 한데 모여 있는 것을 볼 수 있습니다. 생선가게 좌판을 '바닷속 생물들의 주기율표'라고 하면, 이를 구성하고 있는 고등어, 꽁치, 갈치, 굴, 새우, 멍게는 바닷속 생물들을 구성하고 있는 '원소'라고 할 수 있어요.

실제로 주기율표에서도 화학적 성질이 비슷한 원소가 끼리끼리 모여 있답니다. 이때 원소들은 족(Family)과 주기(Period)에 따라 정렬되어 있어요. 족은 주기율표의 세로줄을, 주기는 가로줄을 말합

생선가게의 좌판처럼 유사한 성질의 원소를 구분해 놓은 주기율표

니다.

우리가 각자 모두 다른 집 주소를 가지고 있는 것처럼 원소들도 각각의 족과 주기를 가지고 있어요. 그래서 어떤 원소가 주기율표에서 어디에 위치해 있는지, 즉 몇 주기 몇 족 원소인지만 알아도 종류와 특성을 유추해 볼 수 있죠. 주기율표에 숨겨져 있는 규칙성과 비밀을 하나씩 알아갈수록 자연의 신비로움에 깜짝 놀라게 될 거예요.

33개의 원소를 기록한 과학자

오늘날 우리는 학교, 도서관, 서점, 인터넷 등 다양한 곳에서 쉽게 과학 지식을 접할 수 있습니다. 가령 매일 마시는 물이 수소와 산소로 이루어져 있다는 것도, 온도에 따라서 액체, 고체, 수증기 등으로 형태가 변한다는 사실도 알고 있죠. 하지만 이렇게 지금 우리가 당연하게 알고 있는 과학 지식들을 알게 된 건 불과 얼마 전입니다. 그렇다면 주기율표에 있는 원소들은 어떻게 발견되었을까요?

탈레스에 이어 아리스토텔레스에 이르기까지 고대의 수많은 학자들은 '물질의 근원이 무엇인가?'에 대한 답을 찾고자 했습니다.

이 무렵 연금술도 발달했어요. 사람들은 값싼 금속을 비싸고 반짝이는 황금으로 바꾸는 방법을 알고 싶어 했고, 초기 연금술사들은 그들이 마치 세상을 움직이는 우주의 비밀을 알아낼 수 있다고 믿었거든요. 하지만 연금술은 로마시대에 들어서 서서히 쇠퇴했습니다. 로마인들은 실질적인 것을 중요하게 생각했기 때문이에요. 그런데 역설적이게도 연금술의 발달이 초기 화학이 출현하는 계기가 되었습니다.

연금술이 쇠퇴하면서 사람들은 기존의 사고방식과 다른 새로운 눈으로 세상을 바라보기 시작했어요. 이때 과학은 '관찰과 경험'에 의해 얻어진 사실을 바탕으로 발전하게 되었죠. 17세기에 이르러 어떤 현상을 설명하는 데 있어 과학적인 방식이 자리 잡았습니다. 논리적인 사고 과정을 거친 실험과 관찰을 통해서 답을 찾은 거예요.

천재 화학자라고 불리는 앙투안 라부아지에(Antoine Lavoisier)는 18세기 화학의 발전에 중요한 역할을 했습니다. 화학 반응을 거치면서 물질이 보존되는 현상을

근대 화학의 토대를 세운 라부아지에

규명하면서 근대 화학의 토대를 마련했죠. 특히 그는 그동안 신비롭게만 여겨졌던 '불'에 관한 연구를 했어요. 그 결과, 연소 반응에서 산소의 역할을 명확히 밝힘으로써 원소가 기본 물질이라는 개념을 구축했습니다. 라부아지에는 『화학 원론(Elementary Treatise on Chemistry)』이라는 책을 통해서 화학 명명법, 산소 이론 그리고 그때까지 발견된 33개의 원소에 대해서 자세히 기록했어요.

주기율표에서 알 수 있는 것들

주기율표는 원소들을 체계적으로 분류하여 배치해 놓은 표입니다. 가로로 1~7주기, 세로로 1~18족으로 나뉘어 알맞은 위치에 원소들이 배열되어 있죠.

과학자들은 오랜 시간에 걸쳐 원소의 성질을 한눈에 파악하는 방법을 연구했습니다. 그 결과, 일정한 질서와 규칙성을 가지고 주기율표에 원소들을 배열할 수 있었죠.

원소는 저마다 고유한 숫자를 가지고 있는데, 이 숫자를 '원자 번호'라고 해요. 원소 특유의 정체성을 의미하죠. 주기율표에는 원소가 원자 번호 순서대로 가로줄에 나열되면서도 화학적 성질이 비슷한 것끼리 같은 세로줄에 모일 수 있도록 배치되어 있습니

화학적 성질과 반응성이 비슷해서 대체 사용할 수 있는 같은 족 원소

다. 주기율표를 살펴보면 왼쪽에서부터 오른쪽으로 갈수록 원자 번호가 하나씩 커진다는 것을 알 수 있어요. 그리고 세로줄을 기준으로 비슷한 특성을 가진 원소가 같은 족에 모여 있답니다. 덕분에 우리는 주기율표에서 같은 족에 있는 원소들의 화학적 성질이 비슷하다는 것을 어렵지 않게 예측할 수 있어요.

주기율표의 맨 왼쪽 세로줄에 있는 1족 원소들을 보세요. 리튬(Li)의 반응성이나 화학적 성질을 알면, 바로 아래에 위치해 있는 같은 1족 원소 소듐(Na)의 화학적 성질도 유추할 수 있어요. 마찬가지로 17족에 있는 플루오린(F)과 염소(Cl) 역시 반응성이나 화학적 성질이 비슷합니다. 이처럼 같은 족에 속해 있는 원소를 동족 원소라고 해요.

과학자들은 화학 반응 실험을 할 때 동족 원소의 특성을 이용하기도 해요. 더 빠르고 격렬한 반응을 얻고 싶을 때 동족 원소를 활용합니다. 이때 어떤 원소를 활용하면 좋을지 주기율표를 살펴보면 도움이 돼요. 엉뚱하게 다른 족 원소를 기웃거릴 필요 없이 같은 족 출신의 원소를 새로운 화학 반응 대상으로 테스트하면 실패할 확률이 줄어들죠. 동족 원소는 다른 족 원소와 비교도 되지 않을 만큼 화학 반응성이 비슷하기 때문입니다.

이처럼 주기율표는 화학자에게 나침반 혹은 지도와 같은 역할을 합니다. 이루고자 하는 화학 반응을 성공시켜 나갈 수 있도록 그 길을 안내해 주니까요.

다양한 물질을 구성하는 원자

원자는 어떻게 생겼을까?

각 원소에게는 고유의 원자 번호가 있다고 했어요. 혹시 궁금하지 않았나요? 왜 원소 번호가 아니라 원자 번호인지 말이에요. 각 원소는 그 원소를 만드는 원자가 다르기 때문입니다. 즉, 원소는 원자에 따라 구별되죠. 원자는 물질을 구성하는 기본 입자를 말해요.

1803년 영국의 과학자 존 돌턴(John Dalton)은 모든 원소가 더 이상 쪼개질 수 없는 작은 원자로 구성되어 있다는 '원자설'을 주장했어요. 앞서 더 이상 분해할 수 없는 물질이 원소라고 이야기했던 것을 기억한다면, 이게 도대체 무슨 소리인가 싶을 거예요.

아까처럼 생선가게를 예로 들어서 설명해 볼게요. 만약 여러분이 생선가게에서 고등어 2마리와 갈치 1마리를 샀다고 생각해 보세요. 이때 '고등어'와 '갈치'는 생선가게에서 파는 생선의 종류로, '원소'라고 할 수 있습니다. 그리고 여러분이 산 고등어 '2마리'와 갈치 '1마리'는 '원자'에 비유할 수 있어요. 원자는 '셀 수 있는' 개념을 포함하거든요. 원소가 물질을 구성하는 기본 '성분'이라면, 원자는 원소를 이루는 기본 '입자' 개념으로 볼 수 있습니다.

아주 작은 입자인 원자의 크기는 얼마나 될까요? 지금까지 알려진 가장 작은 입자는 수소 원자입니다. 수소 원자의 지름은 1억 분의 1센티미터(cm)예요. 1억 분의 1센티미터라니, 그 크기를 상상할 수 있나요? 만약 수소 원자를 지름이 12센티미터 정도인 사과만큼 확대했을 때, 사과를 똑같은 비율로 확대하면 지구만큼 커집니다. 원자가 얼마나 작은지 조금은 느껴지나요?

아주 오랜 옛날부터 사람들은 원자에 대해 알아내려고 했습니다. 과학 기술의 발달로 마침내 원자의 구조와 관련해 꽤 많은 것들을 알게 되었죠. 요즘에는 전자현미경을 이용해서 원자의 크기와 모양을 이미지로 볼 수도 있어요.

우리 주변에서 쉽게 볼 수 있는 철(Fe), 금(Au), 은(Ag), 구리(Cu) 등은 고대에 발견되어 오랫동안 사용된 원소입니다. 이 원소들은 크기, 모양, 화학적 성질 등이 서로 다르지만 한 가지 공통점이 있어요. 바로 한 종류의 입자, 즉 한 종류의 원자로 구성되어 있다는 거예요.

원소별로 원자의 종류가 다른 이유는 무엇일까요? 그건 원자의 구조와 관련이 있습니다. 원자는 그보다 더 작은 입자인 원자핵과 전자로 구성되어 있어요. 또 원자핵은 더 작은 입자인 양성자와 중성자로 이루어져 있죠. 즉, 원자는 양성자, 중성자, 전자, 이렇게 세 가지 입자로 구성되어 있습니다.

원자핵은 원자의 중심에 자리 잡고 있어요. 양(+)전하를 띠는 양성자와 전하를 띠지 않는 중성자가 모여 원자핵을 만듭니다. 이 원자핵 주위를 전자가 돌고 있어요.

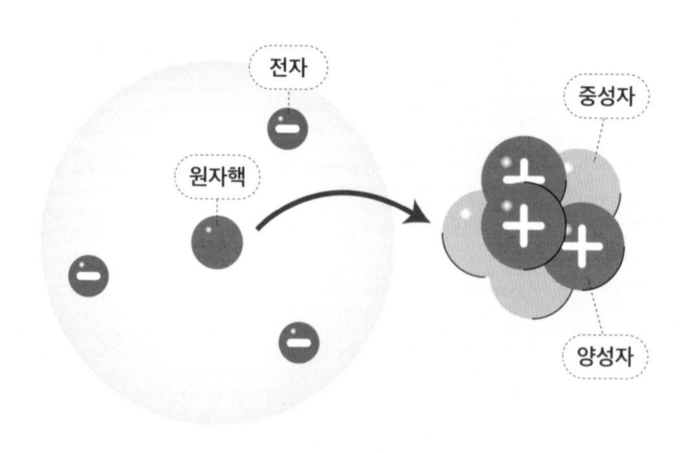

양성자, 중성자, 전자로 이루어진 원자의 구조

원자핵과 비교하면 전자는 질량을 무시해도 될 정도로 매우 작습니다. 음(−)전하를 띤 전자는 양성자나 중성자에 비해 굉장히 가볍죠. 그래서 원자핵으로 빨려 들어가지 않기 위해 전자는 매우 빠른 속도로 운동합니다.

원자의 구조를 알면 주기율표에 담긴 규칙과 질서를 더욱 쉽게 입체적으로 이해할 수 있어요. 원자핵이 가지고 있는 양성자의 전하량에 따라서 원자의 정체성이 정해지거든요. 뿐만 아니라 같은 족 출신 원소들의 화학적 성질이 비슷한 이유도 원자의 구조와 전자에 있습니다. 원자와 전자 사이의 관계가 주기율표에 담겨져 있죠.

원소에게도 이름과 번호가 있다

여러분은 학년, 반, 번호를 가지고 있죠? 아마도 학교에서 '2학년 1반 3번 김철수'처럼 각자 다른 번호와 이름으로 불릴 거예요. 주기율표에 있는 원소도 자신만의 이름과 번호를 가지고 있습니다. 바로 '원소 기호'와 '원자 번호'입니다.

특히 원자 번호는 각각의 원소에게 고유한 정체성을 부여해 주는 역할을 합니다. 원소는 저마다 원자핵에 서로 다른 수의 양성

고유한 번호를 가지고 있는 원소들

자를 가지고 있기 때문입니다. 원자 번호는 그 원소의 원자핵 속에 있는 양성자의 수를 나타내요. 원자 번호가 1씩 증가할수록 양성자의 전하수도 1씩 많아집니다.

원자 번호가 커질수록 전자의 수도 증가합니다. 보통의 원자는 전기적으로 중성을 띠기 때문이에요. 양성자가 많아지면 전자도 그만큼 많아져요. 그래서 원자가 전기적으로 중성을 유지할 수 있는 거예요. 이때 증가한 전자는 원자핵과의 거리, 전기적·자기적 에너지 및 영향력 등에 의해 적절한 위치를 가집니다. 이러한 분포 상태를 오비탈(Orbital)이라고 하는데, 그 모양은 원자마다 달라요.

결국 양성자 수가 서로 다른 원자의 특징을 결정하는 셈이에요. 주기율표에 있는 118개의 원소가 저마다 서로 다른 성질을 가진 각각의 원소로 구별될 수 있는 이유가 바로 여기에 있습니다.

원소 기호는 원소가 이름 대신 가지고 있는 간단한 기호예요. 스웨덴의 과학자 옌스 베르셀리우스(Jöns Berzelius)가 제안한 방법에 따라 원소 이름의 첫 글자를 대문자로 나타내고, 첫 글자가 같은 원소가 이미 주기율표에 있는 경우 이름의 중간 글자 가운데 하나를 소문자로 표시하는 방법으로 표기하고 있어요. 예를 들어, 수소는 'H', 산소는 'O', 칼슘은 'Ca', 구리는 'Cu'로 나타냅니다.

원자는 외로운 건 못 참아!

원자는 혼자 있기를 싫어합니다. 그래서 원자끼리 자신의 가장 바깥쪽에 있는 전자를 서로 주고받으며 결합을 형성합니다. 이때 화학 반응이 일어나요. 이렇게 원자들이 모여 서로 결합을 형성한 것을 '분자'라고 합니다.

어떤 물질의 성질을 결정하는 것은 분자라고 할 수 있어요. 원자는 해당 물질을 구성하는 기본 입자일 뿐 그 성질을 나타내지 않지만, 분자는 물질의 고유한 성질을 가지고 있습니다. 예를 들어, 분자는 온도에 따라서 고체, 액체, 기체와 같이 여러 상태로 존재할 수 있습니다. 따라서 끓는점, 녹는점, 어는점, 용해성, 색깔, 광택 등 여러 가지 성질을 가질 수 있죠.

우리가 매일 마시고 사용하는 물(H_2O)은 원자일까요, 분자일까요? 물은 산소 원자 1개와 수소 원자 2개가 결합해서 형성된 분자입니다. 그럼 병원에서 소독을 위해 솜에 묻혀서 사용하는 에탄올(C_2H_5OH)은 원자일까요, 분자일까요? 맞습니다. 에탄올도 분자예요. 탄소(C) 원자 2개, 수소 원자 6개, 산소 원자 1개로 이루어져 있죠. 원자끼리 서로 전자를 주고받으며 결합을 형성한 분자는 원자보다 큰 입자입니다.

그렇다면 분자를 쪼개도 물질의 성질이 그대로 유지될까요? 분자를 분리하면 서로 결합하기 이전의 원자로 돌아갑니다. 분리된 원자들은 분자일 때 가졌던 물질의 성질을 더 이상 갖지 못해요. 물질의 성질을 잃어버리죠.

주기율표에 있는 118가지 서로 다른 원소의 원자가 다양하게 결합함으로써 수많은 분자가 만들어집니다. 덕분에 무수히 많은 종류의 물질이 존재할 수 있는 거예요.

원자들은 서로 결합하여 화합물을 이루었다가도 다른 반응 물질을 만나면 이전으로 되돌아가기도 하고, 새로운 반응물과 함께 다시 새로운 결합을 형성하기도 합니다. 이러한 과정이 모두 화학

원소들 사이의 화학 반응으로 생기는 다양한 물질

반응을 통해서 이루어져요. 우리 주변에서 일어나는 현상들을 자세히 들여다보면 모든 것이 원소와 원자의 화학 반응이라는 것을 알 수 있습니다. 화학 반응이 우리 생활을 더욱 풍요롭고 편리하게 해 주는 다양한 물질을 만들어 내는 힘이죠.

주기율표를 알면
물질이 보인다!

주기율표에 숨어 있는 원자의 비밀

주기율표를 한번 가만히 들여다보세요. 책상을 놓는 위치에 따라 줄과 분단이 생기는 것처럼 주기율표에도 비슷한 것이 존재한다는 사실을 알 수 있습니다. 바로 주기와 족입니다.

그런데 주기율표의 위쪽에는 빈 공간이 있어요. 원소는 원자 번호 순서대로 1번부터 한 줄 한 줄 꽉 채운 형태로 나열되어 있지 않습니다. 그 특성에 따라 알맞은 주기와 족을 갖는 위치에 자리 잡고 있죠. 그래서 중간에 비어 있는 곳이 생긴 거랍니다.

원소들을 이렇게 배치한 이유는 무엇일까요? 단순히 주기율표가 길게 늘어지는 것을 피하기 위해서는 아니에요. 원자가 가지고 있는 전자에 의해 주기와 족이 정해지도록 규칙을 만들었기 때문입니다.

주기율표에서 오른쪽으로 갈수록, 그러니까 원자 번호가 클수록 원자는 여러 개의 전자를 가지고 있습니다. 원자는 양파 껍질처럼 원자핵 주위를 겹겹이 두른 전자껍질 속에 여러 개의 전자를 품고 있어요. 같은 주기에 있는 원소들은 전자껍질의 개수가 서로 같습니다. 하지만 가지고 있는 전자수는 다르죠. 같은 주기에 있더라도 오른쪽으로 갈수록 원자가 가진 전자가 하나씩 더 많아져요.

그런데 각각의 전자껍질 속에 채울 수 있는 전자의 수는 정해져 있어요. 전자는 양성자처럼 원자핵에 똘똘 뭉쳐 있는 것이 아니라 전자껍질이라는 특정 궤도에만 존재하기 때문이에요. 그래서 원자핵에서 가까운 전자껍질부터 차곡차곡 전자가 채워집니다. 안쪽 전자껍질에 전자를 가득 채우고 남은 전자는 그다음 전자껍질에 채워야 하죠. 이렇게 하나의 전자껍질에 더 이상 다른 전자를 채울 수 없을 때 다음 주기로 넘어갑니다.

주기율표에서 세로줄을 따라 같은 족 출신인 원소들은 화학적 성질이 비슷하다는 것을 기억하고 있나요? 그 이유 역시 원자핵 주위를 돌고 있는 전자 때문입니다. 정확히 말하면, 원자 내부에 있는 전자의 수와 구조 때문이죠.

주기율표에서 아래로 갈수록 원자가 가지고 있는 전자껍질의

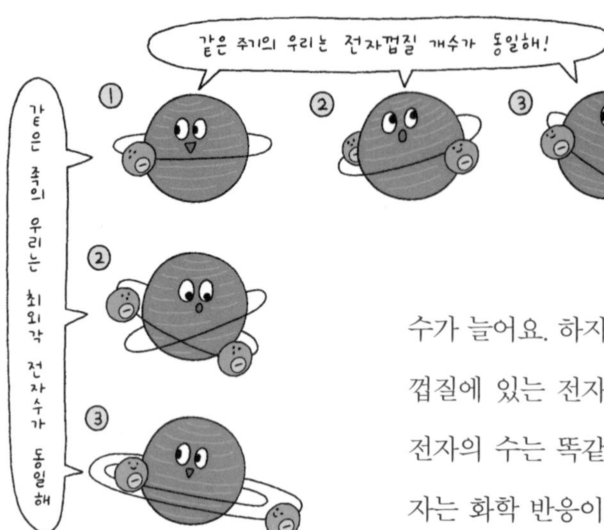

족과 주기에 따라 원소를 배치한 주기율표

수가 늘어요. 하지만 가장 바깥 전자껍질에 있는 전자, 즉 최외각(最外殼) 전자의 수는 똑같습니다. 최외각 전자는 화학 반응이 일어날 때 참여하는 전자이기도 해요. 같은 족 원소는 화학 반응에 관여하는 최외각 전자 수가 같기 때문에 화학적 성질이 비슷하게 나타나는 거랍니다.

이런 규칙과 주기성을 발견한 것은 하루아침에 이루어진 일이 아닙니다. 무수히 많은 과학자들의 호기심과 시행착오를 바탕으로 한 노력이 있었기에 지금과 같은 모습의 주기율표가 만들어질 수 있었던 거예요.

주기율표를 꿰뚫어보는 방법

먼 곳으로 여행을 갈 때 지도는 큰 도움이 됩니다. 가고자 하는 곳이 어디에 위치해 있는지를 살펴보고, 지도가 안내해 주는 방향을 따라 가면 목적지에 쉽게 도착할 수 있죠. 주기율표는 마치 원소들의 지도와 같습니다. 주기율표에서 위치만 알아도 그 원소를 꿰뚫어볼 수 있으니까요.

원소가 몇 번째 가로줄에 있는지를 알면 원자가 가지고 있는 최외각 전자가 몇 번째 전자껍질에 있는지를 곧장 알 수 있어요. 주기율표에는 1~7주기까지 있고, 주기는 원자의 전자껍질 수와 같아요. 예를 들어, 1주기 원소는 1개의 전자껍질을, 2주기 원소는 2개의 전자껍질을 가지고 있죠. 따라서 주기를 알면 최외각 전자가 몇 번째 껍질에 있는지 금세 알 수 있는 거예요.

또 원소가 몇 번째 세로줄에 속하는지를 살펴보면 최외각 전자가 몇 개인지도 바로 알 수 있습니다. 화학 반응을 할 때 가장 중요한 최외각 전자에 대한 정보를 주기율표에서 곧바로 얻을 수 있는 거예요. 최외각 전자가 배치된 형식이 같은 두 원소가 있을 때, 둘의 화학적 성질이 비슷하다는 것도 이를 통해 알 수 있죠.

원자핵에 여러 개의 양성자를 가진 원소는 여러 개의 전자를 갖습니다. 전자는 원자핵에 전기적·자기적 영향력을 미칠 뿐만 아

양성자와 전자의 수가 결정하는 원소의 정체성

니라 전자끼리도 서로 영향을 받아요. 원자는 이러한 여러 영향력에 따라 가장 안정한 전자 분포를 이룹니다.

조금 더 쉽게 이야기해 볼게요. 전자는 원자 안에서 양성자, 중성자, 다른 전자와 상호 작용하며 존재합니다. 그 결과 각각의 전자가 존재할 수 있는 공간(궤도)인 오비탈의 모양과 방향이 저마다 다르게 나타나요. 전자가 하나씩 늘 때, 양성자와 전자가 서로 합의하여 각자가 들어갈 최적의 공간을 선정하는 거예요. 이 과정에서 전자는 다른 전자에게 큰맘 먹고 통째로 자리를 양보하기도 하고, 반대로 먼저 좋은 자리를 냉큼 차지하기도 합니다.

안정된 상태를 꿈꾸는 원소들

우리는 가족, 친구, 연인 등 서로의 부족한 점을 채워 주고 보완해 줄 수 있는 사람들과 함께 살아갑니다. 원소의 세계에서도 마찬가지예요. 원소는 자신이 가지고 있는 전자를 다른 원소에게 주거나 다른 원소로부터 모자란 전자를 받아서 자신의 가장 바깥쪽 전자껍질을 꽉 채우고 싶어 합니다. 가장 바깥 전자껍질에 전자를 가득 채운 상태가 안정하기 때문이에요. 이러한 성질 때문에 원소 사이에는 전자를 잃거나 얻는 화학 반응이 일어납니다. 화학 반응을 거쳐 무수히 많은 화합물과 물질이 만들어지죠.

그런데 헬륨(He), 네온(Ne), 아르곤(Ar) 등 일명 '비활성 기체'는 화학 반응을 하지 않습니다. 이들은 주기율표에서 18번째 세로줄에 위치한 18족 원소로, 가장 바깥 전자껍질에 전자 8개를 꽉 채우고 있거든요. 굳이 다른 원소와 결합할 필요가 없는 거죠. 그래서 독립적인 1개의 원자로 존재할 수 있습니다.

염소는 가장 바깥 전자껍질에 전자 7개를 가지고 있는 17족 원소입니다. 염소 원자의 꿈은 딱 1개의 전자를 더 구해서 가장 바깥 전자껍질을 가득 채우는 거예요. 반대로 포타슘(K)은 가장 바깥 전자껍질에 전자 1개를 가지고 있는 1족 원소예요. 주기율표에서 염소의 반대편에 살고 있죠. 포타슘은 자신의 가장 바깥 전자껍질에 있는 전자 1개를 없애서 전자를 꽉 채운 바깥 전자껍질을 갖고 싶어 하죠.

이 두 원소가 만나면 어떻게 될까요? 전자 1개를 더 갖기 원하는 염소와 자신이 가진 전자 1개를 버리고 싶어 하는 포타슘은 신나게 결합 반응을 합니다. 두 원자는 자신이 가진 전자를 공유하며 각자의 전자껍질에 모자란 전자를 채우고 남는 전자를 없앱니다. 서로 전자를 주고받으면서 안정된 상태가 되는 거예요. 이렇게 서로 결합한 두 원자는 염화포타슘(KCl)으로 불립니다.

염화수소(HCl)도 비슷한 과정으로 만들어집니다. 수소는 바깥

전자를 서로 주고받으며 화학 결합을 하는 원소

전자껍질에 전자 1개를 가지고 있습니다. 수소는 염소와 만나 서로에게 부족하거나 남는 전자를 주고받으면서 가장 바깥 전자껍질에 전자 8개를 꽉 채울 수 있죠. 이런 결합을 통해 두 원소는 안정한 상태가 됩니다.

여러분도 언젠가 이루고 싶은 꿈이나 지금보다 더 나아지고 싶은 부분이 있나요? 그런데 어떻게 하면 좋을지 답을 찾기 힘들다면 원소들처럼 해 보세요. 먼저 자신을 깊게 들여다보고, 또 주위를 둘러보세요. 비슷한 고민을 하고 있는 친구가 있을지도 모릅니다. 자신이 가진 장점과 친구가 가진 장점으로 서로 힘을 합치고 단점을 보완해서 새로운 답을 찾아 나간다면 더 멋지고 창의적인 아이디어가 탄생할 수도 있어요. 지혜로운 원소들의 화학 결합처럼 말이죠!

주기율표가
우리에게 닿기까지

첫 번째 주기율표의 탄생

주기율표가 어떻게 시작되었는지 알고 있나요? 현대식 주기율표의 토대를 세운 사람은 러시아 출신의 과학자 드미트리 멘델레예프(Dmitrii Mendeleev)입니다.

멘델레예프는 상트페테르부르크대학에서 학생들을 가르치는 교수였어요. 그는 화학을 공부하는 사람들이 보다 쉽고 체계적으로 원소를 이해하는 데 도움을 주고자 했습니다. 당시에는 원소를 한 줄로 쭉 나열하고 각 특성을 외우게 하는 방식으로 수업을 했어요. 그는 좀 더 쉽게 가르쳐 줄 수 있는 방법을 고민하면서 원소를 체계적으로 분류할 기준을 연구했죠.

멘델레예프는 각각의 원소를 마치 퍼즐 조각처럼 생각했어요. 그리고 어떻게 하면 질서와 규칙성을 갖도록 배열할 수 있는지 탐구했답니다. 여러 시행착오 끝에 그는 원소의 화학적 성질을 눈여겨보기 시작했습니다.

멘델레예프가 살았던 1800년대는 이전에 발견된 다양한 원소 및 원자의 질량(원자량)을 측정할 수 있을 만큼 화학이 발전했던 시기예요. 평소에 카드놀이를 즐겨 하던 멘델레예프는 원자량을 기준으로 원소의 화학적 특성을 적은 원소 카드를 만들었어요. 그는 원소의 성질에 따라 카드를 이리저리 배치하고 분류해 보았습니다. 화학의 비밀을 하나씩 밝혀 나가는 탐정처럼 말이죠.

© Wikimedia Commons

원소의 분류 기준을 연구한 멘델레예프

그러던 어느 날, 멘델레예프의 눈에 어떤 규칙성이 보였습니다. 원자량이 증가하는 순서대로 나열했을 때 원소들 사이에 주기성이 있음을 깨달았죠. 원소가 일정한 주기를 가지고 화학적 성질을 되풀이하면서 배열된다는 것을 알게 된 거예요. 또한, 원자량이 원소의 성질을 결정한다는 것도 알게 되었습니다. 화학적 성질이 비슷한 원소는 원자량이 거의 비슷하거나 규칙적으로 증가한다는 것을 발견했기 때문입니다.

이를 바탕으로 멘델레예프는 지금 우리가 알고 있는 주기율표와 비슷한 모습의 표를 만들었어요. 그는 가로줄에는 원자량을 기준으로, 세로줄에는 화학적 성질을 기준으로 원소를 신중하게 나열했어요. 이 과정에서 같은 세로줄에 들어가는 원소의 화학적 성질이 비슷하다는 것도 알게 되었답니다.

1869년 마침내 멘델레예프는 그때까지 발견된 63가지 원소를 체계적으로 분류한 '원소들의 주기율표'를 발표했습니다. 그런데 그중에는 멘델레예프가 정한 주기율에 따라 분류했을 때 순서가 맞지 않는 것도 있었습니다. 멘델레예프가 만든 주기율표는 오늘날과 비교했을 때 원자량 순서와 원자 번호가 뒤바뀐 곳이 몇 군데 있어요. 반복되는 주기율을 우선시하여 원자량 순서가 일부 맞지 않더라도 화학적 성질이 규칙성을 가지도록 배열했기 때문이에요. 그래서 일부 원소의 경우 과감히 주기를 건너뛰기도 하고, 주기율을 지키기 위해 빈칸으로 남겨 두기도 했습니다. 새롭게 발견될 원소를 위해 빈자리를 남겨 둔 셈이에요.

멘델레예프는 주기율표에서 빈자리 주변 원소의 특성을 주의 깊게 살펴봤고, 그곳에 들어갈 원소의 성질을 짐작했어요. 빈칸의 위아래에 있는 원소의 성질을 고려하여 미발견 원소의 성질을 추측할 수 있었던 거예요. 1875년 갈륨(Ga)이라는 새로운 원소가 발견되었을 때 사람들은 멘델레예프의 주기율표를 보고 깜짝 놀랐답니다. 멘델레예프는 주기율표에 갈륨이 들어갈 자리를 미리 비워 두었거든요. 이후 멘델레예프의 주기율표를 바탕으로 과학자들은 미발견 원소의 성질을 예측할 수 있었습니다.

1955년 버클리대학의 화학자들은 멘델레예프가 예측한 원자 번호 101번 원소를 발견했어요. 멘델레예프의 업적을 기리는 뜻에서 이 원소는 멘델레븀(Md)이라는 이름으로 불리게 되었죠. 멘델레예프가 없었다면 어쩌면 우리는 오늘날의 주기율표를 볼 수 없었을지도 몰라요.

멘델레예프의 주기율표는 완벽하지 않다

멘델레예프 이전에도 원소들을 체계적으로 분류하려는 노력과 연구가 있었습니다. 독일의 화학자 요한 되베라이너(Johann Döbereiner)는 화학적 성질이 비슷한 원소를 3개씩 묶어서 분류하려고 했어요. 영국의 화학자 존 뉴랜즈(John Newlands)는 원자량 순서대로 원소를 나열해 나가다가 8번째 원소마다 성질이 비슷한 원소가 배치된다는 '옥타브설'을 발견했죠.

이들은 원소의 물리적 성질인 원자량을 기준으로 원소를 분류하고자 했습니다. 반면에 멘델레예프는 원자량 순서로 원소를 분류함과 동시에 원소의 화학적 성질을 따져 주기율표를 만들었죠. 이는 미발견 원소의 성질을 예측했다는 측면에서 큰 의미가 있어요. 현대식 주기율표가 탄생할 수 있었던 훌륭한 토대를 다져 주었거든요.

하지만 멘델레예프도 원소의 비밀을 완벽하게 푼 것은 아니었습니다. 원소를 원자량 순서대로 나열한 것이 정답은 아니었으니까요. 멘델레예프의 주기율표에서 원자량이 증가하는 규칙성이 몇 곳에서 깨지고, 원자량이 오히려 감소하는 경우가 있었던 거예요.

영국 과학자 헨리 모즐리(Henry Moseley)는 이러한 멘델레예프식 주기율표의 부족한 점을 보완했습니다. 그는 물리학자 어니스트 러더퍼드(Ernest Rutherford)의 제자로 원자핵에 관한 연구를 함께 진행하고 있었어요. 모즐리는 원소에 엑스선(X-ray)을 쪼였을 때 원소별로 서로 다른 파장을 발생시킨다

멘델레예프의 주기율표를 보완한 모즐리

는 것을 발견했습니다. 원소마다 각각의 고유한 성질을 반영하는 파장이 나타난 거예요. 이를 바탕으로 원자핵에 있는 양(+)전하의 크기가 각자 다르다는 것을 알아냈어요. 원자 번호 순서대로 원소를 나열했을 때 반복되는 주기성이 바로 양성자 수(원자 번호)와 관련이 있음이 밝혀진 거죠.

원자 번호가 크면 당연히 원자량도 크다고 생각할 수 있지만, 사실 원자 번호는 원자핵 속에 있는 양성자 수를 말해요. 원자량은 원자의 상대적인 질량 개념입니다. 즉, 원자핵에 있는 양성자와 중성자와 전자의 질량이죠. 그렇기 때문에 중성자 수에 따라서 원자 번호와 원자량 순서가 일치하지 않는 원소가 존재하게 된 거예요. 바로 동위원소입니다. 동위원소는 주기율표에서 같은 위치를 차지하는 원소들 중 양성자 수는 같지만 중성자 수가 달라서 원자량이 다른 원소를 말해요.

이후 원자량이 아닌 원자 번호 순서로 원소를 나열함으로써 멘델레예프식 주기율표의 문제점을 보완할 수 있었습니다. 오늘날의 주기율표가 탄생한 거예요. 이처럼 지금 우리가 사용하고 있는 주기율표는 하루아침에 뚝딱 만들어진 것이 아닙니다. 현대적 주기율표가 만들어지기까지 오랜 시간 동안 수많은 과학자의 호기심과 열정이 있었다는 것을 잊어서는 안 돼요.

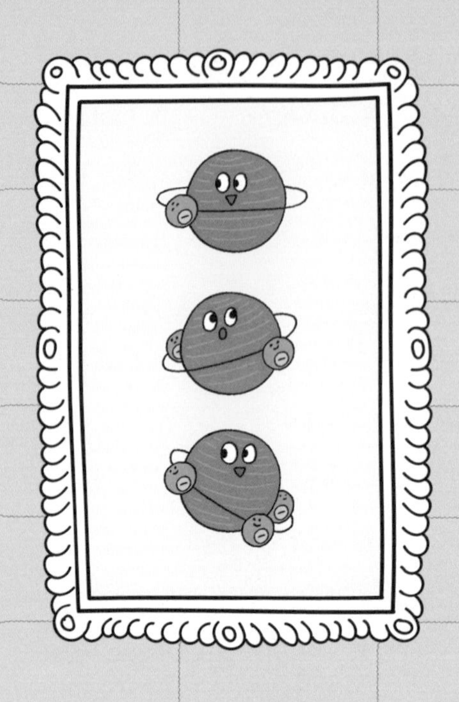

2장

원자가 결정하는 원소의 주소

#원자의 구조 #원자핵을 도는 전자
#옥텟 규칙 #오비탈 #양성자와 중성자의 관계

원자 이야기
한번 들어 볼래?

원자는 정말 물질의 최소 단위일까?

고대 철학자부터 근대 과학자까지 많은 사람이 물질은 무엇으로 만들어졌는지 알아내려고 했어요. 그들 나름대로 물질의 근원에 대한 답도 찾았죠. 표현의 차이는 있지만, 공통된 결론은 '모든 물질은 그 근본이 되는 특정한 구성 성분으로 이루어져 있으며, 그것들의 조합으로 물질이 만들어진다.'는 내용이었죠.

과학 기술의 발달과 함께 여러 실험 장치도 생겨났습니다. 고대 그리스 철학자가 이성과 논리적 사고를 바탕으로 결론에 이르렀다면, 1800년대의 과학자는 과학적 사실을 바탕으로 답을 얻고자 직접 실험 방법과 장치를 개발했어요. 이를 통해 더욱 깊이 있는 연구를 하고, 실험 결과로 자신의 주장을 뒷받침할 수도 있었죠.

장치와 방법의 발전은 정교하고 정확한 실험을 가능하게 했습니다. 1870년에는 진공관 안에 높은 전압을 걸었을 때 전극에서 무언가가 빛처럼 튀어나온다는 사실을 발견했어요. 그런데 당시에는 그것의 정체가 '전자'라는 사실을 몰랐습니다. 그래서 음극선이라고 불렀죠.

1896년에는 피치블렌드(Pitchblende)라는 광물을 얹어 놓은 사진이 저절로 감광(感光)되는 현상을 발견했습니다. 우라니나이트(Uraninite)라고도 부르는 피치블렌드는 우라늄(U) 산화물이 다량

© Wikimedia Commons

방사성을 띤 광물 피치블렌드

함유되어 있는 방사성을 띤 광물이에요. 사람들은 피치블렌드에서 나온 방사선이 사진을 감광시켰다는 것을 알게 되었어요.

이 같은 발견들로 인해 사람들은 어쩌면 원자가 물질의 가장 작은 기본단위가 아닐 수도 있다는 생각을 했습니다. 원자는 물질을 이루고 있는 가장 작은 입자가 아니라는 사실을 눈치챈 거예요. 원자로부터 무언가가 나오는 현상을 관찰했으니까요. 이후 다양한 실험을 통해 원자의 실체가 밝혀졌습니다. 마침내 원자가 세 가지 작은 입자로 이루어져 있다는 사실을 알아낸 거죠.

원자와 원자핵은 지구와 축구장이라고?

원자의 중심에는 양(+)전하를 띤 원자핵이 있고, 원자핵 주위를 음(−)전하를 띤 전자가 매우 빠르게 운동하고 있어요. 원자의 구성 요소가 밝혀지면서 주기율표는 보다 정확하게 발전할 수 있었습니다.

원자는 절대 눈으로 보거나 손으로 만질 수 없을 만큼 매우 작습니다. 만약 1밀리미터(mm) 크기의 어떤 물질이 있다고 생각해 보세요. 작긴 하지만 아마도 눈으로 볼 수도, 손으로 만져 볼 수도 있을 거예요. 참깨나 좁쌀 한 톨을 보고 만질 수 있는 것처럼 말이죠.

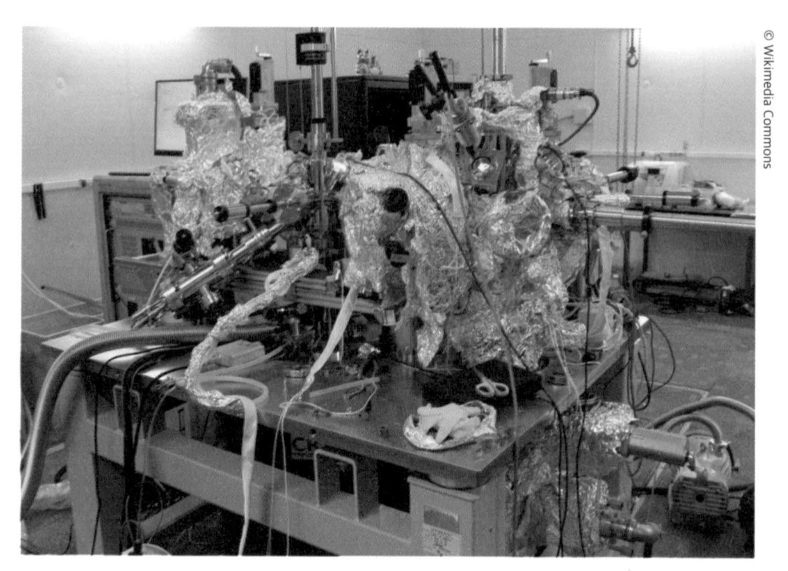

세계에서 두 번째로 단일 원자 전자스핀공명 측정에 성공한 한국의 주사터널링현미경

원자 중에서도 가장 작은 수소 원자의 크기는 1억 분의 1센티미터입니다. 수소 원자 1억 개를 나란히 줄 세워도 1센티미터밖에 안 되는 거예요!

이렇게 작은 원자를 1억 배 확대할 수 있다면 어떨까요? 원자의 모습을 어느 정도 직접 볼 수 있을 거예요. 그럼 어떻게 하면 원자를 크게 확대할 수 있을까요? 돋보기나 현미경을 사용하면 될까요? 우리가 과학 시간에 사용하는 일반적인 현미경으로는 원자의 모습을 볼 수 없어요. 하지만 과학 기술의 발달로 원자의 모습을 볼 수 있는 현미경이 등장했습니다. 바로 주사터널링현미경(STM,

Scanning Tunneling Microscope)이에요.

주사터널링현미경은 원자 속 전자의 움직임을 이용해서 원자의 표면 이미지를 얻을 수 있는 원자현미경입니다. 물질을 확대해서 영상화하면 실험으로 변화한 물질의 표면을 관찰할 수 있어요. 원자현미경은 미세한 나노 세계를 관찰할 수 있을 뿐만 아니라 다양한 물리적 특성을 분석하거나 나노 구조물을 조작하고 제작하는 데도 도움을 준답니다.

원자핵은 영국의 물리학자 러더퍼드가 알파(α) 입자 산란 실험을 하다가 발견했습니다. 이때 원자핵은 원자 내부의 아주 좁은 지역에 밀집되어 있으며, 나머지 공간은 대부분 텅텅 비어 있다는 것도 알게 되었죠.

여기서 궁금증이 생깁니다. 원자핵은 도대체 얼마나 작기에 작디작은 원자 안쪽의 아주 좁은 지역에 모여 있는 걸까요? 원자핵의 지름은 원자의 약 10만 분의 1 정도에요. 원자는 원자핵보다 10만 배가 큰 거죠. 잘 가늠이 안 된다고요?

원자를 지구라고 생각해 보세요. 지구의 반지름은 1만 2800킬

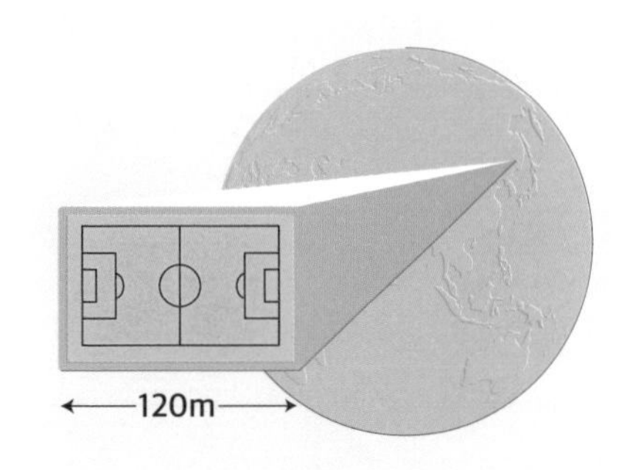

지구와 축구장에 비유할 수 있는 원자핵과 원자의 크기

로미터(km)입니다. 이때 원자핵은 길이가 약 120미터(m)인 축구 경기장 정도의 크기라고 할 수 있어요. 이제 좀 상상이 되나요? 원자와 원자핵은 지구와 축구 경기장만큼의 크기 차이를 갖는 거예요. 원자 내부에서 원자핵이 차지하는 공간은 아주 작죠.

그럼 전자의 크기도 짐작해 볼 수 있을까요? 안타깝게도 전자는 원자핵에 비해서 그 크기나 질량을 무시할 수 있을 정도로 매우 작아요. 그래서 원자 내부는 거의 대부분 텅 비어 있다고 말할 수 있는 거랍니다.

원자들이여, 옥텟 규칙을 따르라!

전자는 여러 겹의 전자껍질에 독립적으로 따로 분포되어 있어요. 전자껍질은 전자가 원자핵 주위를 돌며 움직일 수 있는 궤도를 말해요. 전자껍질은 핵과의 거리를 고려하여 주껍질(큰 껍질)이 정해지고, 주껍질 안에 여러 개의 부껍질(작은 껍질)이 있는 형태예요.

여러 개의 전자를 가진 원자는 원자핵에서 가까운 전자껍질부터 차곡차곡 전자를 채워 나갑니다. 이때 가장 바깥 전자껍질에 있는 최외각 전자가 바로 다른 원소(원자)와 반응하는 주인공입니다. 왜

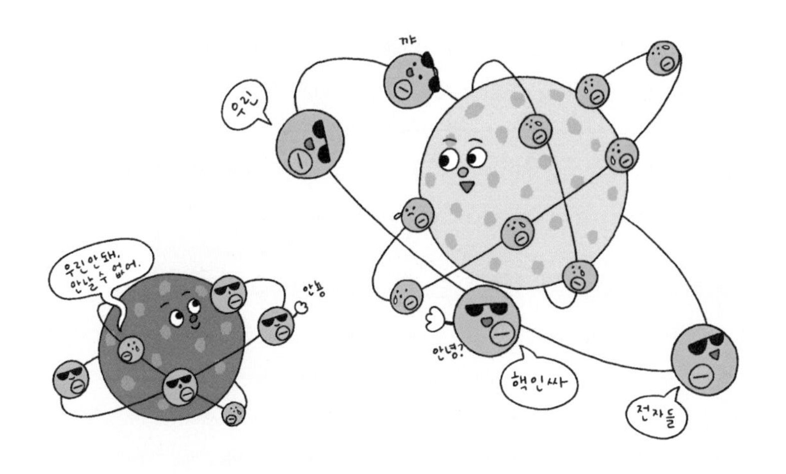

차폐 효과로 인해 다른 원자와 만날 수 없는 안쪽 전자껍질의 전자

냐하면 원자핵과 가까운 전자껍질에 있는 전자는 다른 원소를 만날 수 없기 때문입니다. 다른 원소의 입장에서도 마찬가지예요. 반응을 하려고 해도 안쪽 전자껍질에 있는 전자는 만나기가 힘듭니다. 바깥쪽 전자껍질에 의해서 안쪽 전자껍질에 있는 전자는 겹겹이 가려져 있으니까요. 이를 차폐 효과(Screening Effect)라고 합니다.

화학 반응의 요점은 원자 사이에서 가장 바깥 전자껍질에 있는 전자를 어떻게 다루느냐 하는 것입니다. 원자들은 자신이 가진 전자를 주고받으며 서로 결합하고 반응해요. 그 이유는 옥텟 규칙(Octet Rule)에 있습니다.

옥텟 규칙은 가장 바깥 전자껍질에 전자 8개를 꽉 채우려고 하는 원자의 성향을 말합니다. 원자가 가장 바깥 전자껍질에 있는 전자를 잃어버리거나 혹은 다른 원자로부터 전자를 빼앗아 안정된 전자 배치를 가지려고 하는 거죠. 최외각 전자를 다른 원자와 공유하면서 안정한 최적의 상태를 유지하려고 하는 거예요.

이로 인해 원소가 결합하는 방식에 있어 공통적인 특징이 생깁니다. 그 특징에 따라 이온 결합, 공유 결합, 수소 결합, 금속 결합 등 다양한 화학 결합을 형성하면서 원자들은 옥텟 규칙을 만족하게 되죠. 이때 최외각 전자와 양성자 사이에 작용하는 인력(引力) 때문에 원소 고유의 성질이 나타납니다. 그러니까 원자의 결합이나 화학 반응도 알고 보면 최외각 전자들의 교류에 의해 형성되는 거예요.

원자핵으로부터 멀리 떨어진 가장 바깥쪽 전자껍질에 있는 전자, 즉 최외각 전자는 '원자가전자(原子價電子)'라고도 합니다. 원자가전자는 화학 반응에 참여하는 전자를 의미해요. 다른 원자와 결합 가능한 전자죠.

원소의 반응성이나 화학적 성질을 결정하는 것은 바로 이 원자가전자의 수예요. 그래서 원자가전자의 수를 알면 원소의 화학적 성질을 알 수 있습니다. 원자가전자의 수를 통해 옥텟 규칙을 만족하기 위해서 원자끼리 어떤 화학 결합을 형성하는지 알 수 있고, 원소의 화학 반응성도 예측해 볼 수 있거든요.

가장 바깥 전자껍질에 전자 8개를 가득 가지고 있는 원자는 다른 원자와 좀처럼 잘 반응하지 않아요. 주기율표에서 18족에 해당하는 원소가 대표적입니다. 왜 그럴까요? 옥텟 규칙과 함께 18족 출신 원소의 원자가전자 수에서 그 이유를 찾을 수 있습니다.

18족 원소는 최외각 전자가 8개입니다. 가장 바깥 전자껍질에 전자를 꽉 채우고 있기 때문에 다른 원소와 결합을 형성할 필요가 없어요. 당연히 화학 반응에 참여하는 전자가 없습니다. 원자가전자 수는 0이라고 할 수 있죠.

그렇다면 어떤 원소의 원자가전자 수를 알면 그 원소가 가장 바깥 전자껍질을 채우는 데 전자가 얼마나 필요한지도 알 수 있겠죠? 뿐만 아니라 다른 원소와 화학 결합을 할 때 주고받는 전자가 몇 개인지도 알 수 있습니다. 화학 반응에 참여하는 전자는 최외각 전자니까요.

특정 원소의 원자가전자 수는 어떻게 알 수 있을까요? 주기율표를 보면 됩니다. 몇 가지 원소를 예로 들어서 함께 살펴볼게요. 원자 번호는 그 원자가 가지고 있는 양성자의 수라는 것, 전자는 양성자의 수만큼 존재한다는 것을 기억한다면 이해하기 쉬울 거예요.

원자 번호 1번 원소인 수소는 양성자를 1개 가지고 있습니다. 양성자 수만큼 전자를 갖고 있으니 전자는 1개죠. 주기율표에서

1주기 원소이므로 전자껍질이 1개이고, 이 전자껍질을 따라 1개의 전자가 원자핵 주위를 돌고 있어요.

산소는 원자 번호 8번 원소입니다. 8개의 양성자를 가졌죠. 즉, 8개의 전자도 가지고 있다는 뜻이에요. 그리고 2주기에 위치해 있으므로 2개의 전자껍질이 있고, 8개의 전자가 2개의 전자껍질에 분포해 있어요. 산소 원자는 원자핵과 가까운 안쪽 전자껍질에 2개의 전자를 채웁니다. 그래서 가장 바깥 전자껍질인 두 번째 전자껍질에는 6개의 전자가 배치되어 원자가전자로서 다른 원자와 결합해요.

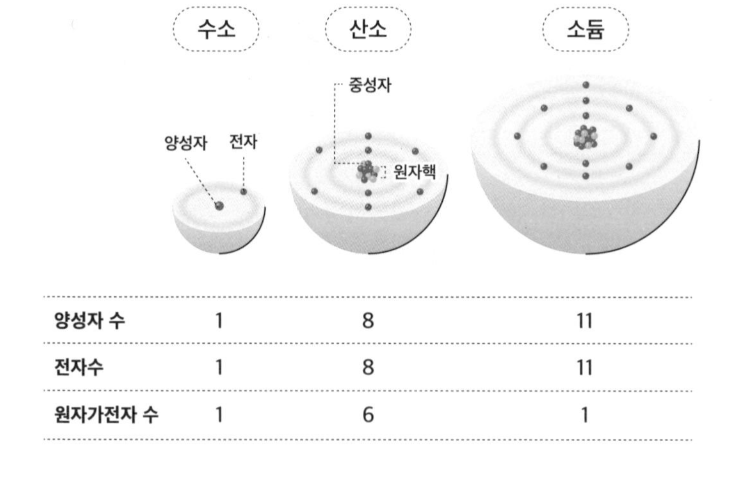

	수소	산소	소듐
양성자 수	1	8	11
전자수	1	8	11
원자가전자 수	1	6	1

수소, 산소, 소듐의 원자가전자의 수와 원자 모형

원자 번호 11번 원소인 소듐은 11개의 양성자와 전자를 지닙니다. 또 3주기에 위치하여 3개의 전자껍질을 가지고 있는데, 첫 번째 전자껍질에는 2개, 두 번째 전자껍질에는 8개, 세 번째 전자껍질에는 1개의 전자가 분포해 있죠. 두 번째 전자껍질에 8개의 전자를 가득 채우고 남은 전자가 세 번째 전자껍질에 배치된 거예요.

원자가전자의 수에 어떤 규칙이 숨어 있는지 이제 알겠죠? 그런데 전자껍질에 최대 8개의 전자가 채워지는 옥텟 규칙은 주로 2주기 원소에서 성립하는 규칙이에요. 다양한 원소에 적용하여 설명할 수 있지만, 옥텟 규칙이 적용되지 않는 예외도 있습니다. 주기율표에 있는 원소의 결합을 옥텟 규칙 하나로 모두 설명할 수는 없기 때문이에요.

이름을 알았더니 성격이 보이네

원자는 크게 원자핵과 전자 두 부분으로 나눌 수 있어요. 원자핵을 이루고 있는 양성자와 중성자의 질량(무게)은 거의 비슷해요. 이들은 전자의 질량과 비교하면 약 1836배 정도 무겁습니다. 전자는 아주 가볍죠. 원자 하나가 가지고 있는 모든 전자의 무게를 다 합쳐도 양성자 1개의 질량도 되지 않아요. 원자의 무게는 원자핵이 대부분을 차지한다고 할 수 있습니다.

보통 원자는 전기적으로 중성 상태에 있어요. 양(+)전하를 띠는 양성자와 음(−)전하를 띠는 전자의 전하량 절댓값이 같기 때문입니다. 원자 내부의 양성자 수와 전자수가 같아서 전기적으로 중성인 거죠.

화학 결합을 할 때 두 원자의 원자핵에 있는 양(+)전하와 전자의 음(−)전하 사이에 정전기적으로 끌어당기는 힘이 작용해서 반응이 일어나요. 그래서 양성자의 전하량은 원자의 화학적 성질을 결정하는 가장 중요한 요인입니다. 이렇게 원자의 고유한 성질을 나타내는 '양성자 수'가 바로 '원자 번호'라는 것을 우리는 이제 알고 있습니다.

주기율표를 한번 살펴보세요. 원자 번호와 원소 기호 말고도 발견할 수 있는 것이 있습니다. 각 원소들의 원자량이 표시되어 있어요. 원자량은 원소를 이루는 원자들의 평균 질량을 말합니다.

이제 주기율표에 있는 원소들을 볼 때, 그 원소가 지닌 성질을 한눈에 알아볼 수 있겠죠?

원자핵 주위를 맴도는 전자

태양계를 닮은 보어의 원자 모형

양(+)전하를 띤 원자핵과 음(−)전하를 띤 전자 사이에는 서로 끌어당기는 힘이 작용합니다. 이때, 전자가 원자핵을 당기는 힘보다 원자핵이 전자를 당기는 힘이 더 큽니다. 원자핵의 질량이 훨씬 무겁기 때문이에요. 그런데 전자는 왜 원자핵 속으로 빨려 들어가지 않을까요? 어떻게 원자핵 주위를 계속해서 돌 수 있을까요? 1913년 덴마크의 물리학자 닐스 보어(Niels Bohr)의 원자 모형이 발표되면서 그 이유를 설명할 수 있게 되었습니다.

보어는 전자를 발견한 조지프 톰슨(Joseph Thomson)과 원자핵의 양성자를 발견한 러더퍼드와 함께 원자 구조를 연구했어요. 러더

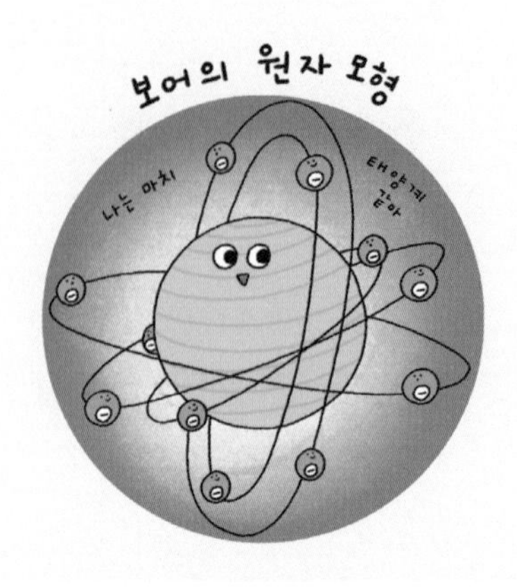

원자의 구조를 설명한 보어의 원자 모형

퍼드는 '톰슨의 원자 모형'의 뒤를 이어 '러더퍼드의 원자 모형'을 제안했습니다. 하지만 어떻게 전자가 원자핵으로 빨려 들어가지 않고 원자핵 주위를 돌 수 있는지 설명할 수 없었죠. 이를 설명하기 위해서 보어는 전자가 오직 특정한 움직임만 가질 수 있다고 가정했고, '보어의 원자 모형'을 제시했습니다.

보어의 원자 모형은 마치 태양계를 닮았어요. 태양계의 행성이 태양을 중심으로 움직이듯 보어의 원자 모형에서는 원자핵 주위를 전자가 원형 궤도를 그리며 돌고 있는 모습이거든요.

보어는 원자핵 주위를 움직이는 전자가 모두 같은 에너지를 가지고 있지 않다고 가정했어요. 마치 계단처럼 각 전자껍질마다 전자가 가지고 있는 에너지가 다르다고 생각했습니다. 이렇게 단계적으로 이루어져 있는 원자의 에너지 값(크기)을 '에너지 준위'라고 해요. 보어는 전자가 한 단계 높거나 낮은 에너지 준위로 이동하려면 그만한 에너지를 주위로부터 공급받거나 방출해야 한다고 믿었어요. 즉, 전자가 위치를 이동하려면 그 위치에 맞는 에너지를 가질 어떤 특정한 조건이 충족되어야 하는 거예요. 그래서 같은 에너지 준위 안에서는 원자핵으로 빨려 들어가지 않고 원자핵 주위를 계속해서 돌고 있다고 설명했습니다.

보어의 원자 모형은 상당히 발전된 것이었습니다. 수소 원자가 방출하는 빛의 종류를 설명할 수도 있었죠. 전자는 낮은 에너지 준위로 내려갈 때 에너지를 밖으로 내보내는데, 이때 에너지는 빛의 형태로 방출돼요. 반대로 높은 에너지 준위로 올라가려면 반드시 외부로부터 빛을 흡수해야만 합니다. 각 층의 높이 차이만큼 에너지가 빛으로 방출되거나 흡수되는 거예요.

하지만 보어의 원자 모형도 완벽하지는 않았어요. 수소가 방출하는 빛을 관찰했을 때, 보어의 원자 모형으로 설명할 수 없는 사실도 발견되었거든요. 그중 하나는 빛의 세기가 모두 똑같지 않다는 점이었습니다. 어떤 빛은 아주 강하게 나타났고, 어떤 빛은 약하게 나타났어요. 뿐만 아니라 하나의 선으로 보였던 빛이 전기나 자기장 속에 놓이면 여러 개의 선으로 갈라지는 현상이 관찰되었는데, 이를 설명할 수 없었죠. 보어가 만든 원자 모형에 따르면, 높은 에너지 준위에서 낮은 에너지 준위로 전자가 이동할 때 한 가지 종류의 빛만 방출되어야 했거든요. 게다가 하나의 에너지 준위에서는 전자껍질 안에 몇 개의 전자가 들어가든 제한이 없다는 것도 보어의 원자 모형이 가진 한계였습니다.

이러한 한계점은 양자물리학을 바탕으로 한 양자역학적 원자 모형이 등장하면서 풀리기 시작했습니다. 양자물리학의 특징은 어떤 현상의 결과를 확률적으로 분석하는 거예요. 그래서 전자가 가지고 있는 자기적 성질 같은 미세한 실험적 결과까지 설명할 수 있었죠.

보어의 원자 모형과 양자역학적 원자 모형을 통해서 과학자들은 원자의 구조를 깊이 이해할 수 있게 되었습니다. 눈에 보이지 않는 원자의 세계를 설명하기 위한 노력이 빚어낸 결과랍니다.

전자를 어떻게 채워 넣을까?

전자는 모두 음(−)전하를 띠고 있습니다. 그래서 서로 뭉쳐 있으면 마치 같은 극 자석끼리 서로 밀어내듯 반발력이 생겨요. 이러한 특성 때문에 원자 내부에 전자가 배치될 때 규칙이 정해집니다. 어떻게 하면 전자의 반발력을 최소화하면서 안정한 상태를 유지할 수 있을까요?

원자 내부에는 여러 가지 힘이 복합적으로 작용합니다. 전자끼리 밀어내는 힘 외에도 중성자와 양성자가 결합하여 원자핵을 이루는 힘(핵력)과 원자핵이 전자를 끌어당기는 힘 등이 함께 존재하죠.

원자에서 전자의 자리가 정해지는 기본 원리는 원자핵으로부터 가까운 전자껍질에 우선 전자를 채우고, 그다음 전자껍질에 이어서 전자를 채우는 것입니다. 보통 원자는 에너지가 낮은 상태로 존재해요. 에너지가 낮을수록 안정하기 때문입니다. 에너지가 가장 낮고 안정된 상태를 '바닥상태'라고 하는데, 원자가 바닥상태를 유지하려면 안쪽 전자껍질부터 차례대로 전자들을 배치해야 한답니다. 안쪽 전자껍질로 갈수록 에너지가 낮거든요.

보어의 원자 모형에 따르면, 전자가 원자핵 주위를 돌 때 양파 껍질 같은 일정한 층을 이루면서 전자가 있을 공간이 정해집니다. 이 전자껍질은 에너지 크기별로 존재해요. 그래서 전자는 원자핵 주위에 형성되어 있는 서로 다른 층의 전자껍질에 자리 잡습니다.

전자껍질에는 주껍질과 부껍질이 있어요. 큰 껍질이라고 할 수 있는 주껍질 안에 부껍질이라고 부르는 작은 껍질이 있는 형태예요. 주껍질은 오비탈의 크기와 에너지를, 부껍질은 오비탈의 모양을 나타낸다고 볼 수 있습니다.

원자핵과 가까운 안쪽 전자껍질부터 채워지는 전자

원자핵과 가까운 안쪽 껍질부터 주껍질의 이름은 K, L, M, N, O로 불려요. 주껍질에 들어갈 수 있는 전자의 개수는 정해져 있습니다. 가장 안쪽에 있는 K껍질에는 전자가 2개 들어갈 수 있고, 그다음 L껍질에는 8개, M껍질에는 18개, N껍질에는 32개로 일정한 수의 전자가 채워집니다. 핵에서 멀리 떨어져 있는 바깥 전자껍질로 갈수록 채울 수 있는 전자수가 점점 많아지죠. 그리고 전자는 핵과 가까운 안쪽 껍질부터 차곡차곡 채워져요. 옥텟 규칙을 모든 원소에 적용할 수 없는 이유가 여기에 있습니다.

주껍질 안에는 오비탈의 모양을 결정하는 부껍질이 존재합니다. 원자핵에서 가까운 주껍질일수록 안정되어 전자가 가진 에너지가 낮고, 핵에서 멀리 떨어진 주껍질일수록 많은 에너지와 부껍질을 가져요. 각각의 부껍질은 원자핵까지의 거리에 따라 핵과의 인력 에너지가 서로 다릅니다.

부껍질에는 s, p, d, f 오비탈이 있어요. 각각의 오비탈은 3차원 공간에서 방향을 가지고 있으며, 서로 다른 모양으로 나타납니다. s, p, d, f 오비탈 속에 있을 수 있는 전자의 수도 정해져 있어요. s오비탈은 2개, p오비탈은 6개, d오비탈은 10개, f오비탈은 14개죠.

혹시 눈치 챈 사람 있나요? 주껍질에 존재할 수 있는 전자수는 주껍질에 속한 부껍질의 전자수를 모두 더한 것과 같아요. 예를 들어, 세 번째 주껍질인 M껍질은 18개의 전자를 가질 수 있습니다. 그리고 세 개의 부껍질 s, p, d 오비탈을 갖죠. 이때 s오비탈은 2개, p오비탈은 6개, d오비탈은 10개의 전자를 포함할 수 있으므로 M껍질은 이들의 총합인 18개의 전자를 가질 수 있게 되는 거죠.

이처럼 원자 안에 전자를 채우는 원리를 알면 주기율표가 좀 더 입체적으로 다가옵니다. 주기율표에서 주기는 주껍질의 수를 의미하기 때문이에요. 뿐만 아니라 주껍질의 수를 알면 부껍질의 수도 알 수 있어 원소의 성질을 쉽게 유추할 수 있습니다.

에너지에 따라 정해지는 전자의 오비탈

전자들이 머무는 공간 오비탈

전자는 원자핵 주위를 아주 빠른 속도로 운동합니다. 이때 양(+)전하를 가진 원자핵에 끌려가 흡수되지 않으려면 매우 빠른 속도로 움직여야 해요. 그래서 전자가 어디에 있는지 그 위치를 정확하게 알 수는 없어요. 하지만 원자핵과 전자 사이의 거리에 따라 전자가 분포할 수 있는 '확률'을 알 수는 있답니다. 원자핵 주위를 운동하는 전자가 존재할 확률을 분포로 나타낸 것이 '오비탈'이에요.

여행을 가면 그곳에서 머물 집이나 숙소를 정하죠? 오비탈은 전자가 머물고 있는 숙소에 비유할 수 있어요. 전자껍질은 전자가 머물러야 할 숙소의 층수, 오비탈은 각 층에 있는 객실이라고 볼 수 있죠.

그런데 같은 숙소의 같은 층이라도 다양한 종류의 객실이 있잖아요. 바다나 산이 보이는 곳도 있고, 한눈에 내려다보이는 도시의 전망이 끝내 주는 곳도 있어요. 또 침대가 1개인 작은 단칸방도 있고, 침대나 방이 2개 이상인 넓고 좋은 방도 있죠.

s오비탈은 2개의 전자가 머물 수 있는 가장 작은 객실에 비유할 수 있습니다. p오비탈, d오비탈, f오비탈로 올라갈수록 좋은 객실이라고 볼 수 있어요. f오비탈은 가장 전망이 좋고 넓어서 가장 많은 전자가 들어갈 수 있는 호화로운 객실이죠.

이때 전자마다 객실 비용을 감당할 수 있는 형편이 다릅니다. 높은 에너지를 가지고 있는 전자는 스위트룸처럼 호화로운 f오비탈에 머물 수 있지만, 에너지가 낮은 전자는 그보다 작은 객실인 d, p, s 오비탈에 머물러야겠죠. 각자 가지고 있는 에너지 형편에 맞게 머물 오비탈이 정해지는 거예요.

행성의 움직임을 쏙 빼닮았다

오비탈의 모양은 실제로 어떻게 생겼을까요? 원자 안에서 전자가 존재할 확률 분포를 점으로 그리면, 마치 구름이나 솜사탕 같은 모양으로 표현됩니다. 그 경계가 선명하게 나타나지 않죠. 이를 전자구름 모형이라고 불러요.

보어의 원자 모형으로는 전자가 하나인 수소 원자 이외의 다른 원자의 스펙트럼을 설명할 수 없었어요. 전자는 전기적·자기적 성질을 가지고 있고, 전자가 둘 이상일 경우에는 전자끼리도 상호 작용이 일어나기 때문이죠. 이를 극복하기 위해 모든 원자를 두루 설명할 수 있는 원자 모형에 대한 연구가 활발히 진행되었습니다.

그러던 중 돌파구가 되어 줄 연구 결과가 발표되었어요. 1922년 프랑스의 물리학자 루이 드브로이(Louis de Broglie)는 전자가 입자의 성질뿐만 아니라 파도의 움직임 같은 '파동'의 성질도 가진다고 주장했습니다. 이후 1927년 클린턴 데이비슨(Clinton Davisson)과 레스터 거머(Lester Germer)가 실험을 통해 드브로이의 주장을 뒷받침했습니다. 파동과 같은 전자의 성질을 이해하고 나서야 사람들은 전자가 원자 안에서 어디에 존재하는지 꼬집어 말할 수 없는 이유를 알았어요.

1925년 오스트리아 물리학자 에르빈 슈뢰딩거(Erwin Schrodinger)는 파동과 입자의 성질을 동시에 가지는 전자의 성질에 따라 전자의 위치를 나타내려고 노력했습니다. 슈뢰딩거는 자신이 제안한 원자 모형을 통해 단지 확률로만 전자가 존재 가능한 위치를 표현할 수 있다고 설명했죠. 우리가 내일 비가 올지 안 올지 확실히 단

언할 순 없지만, 오늘 하늘에 낀 구름을 보고 내일 비가 올 확률을 추측할 수 있는 것과 비슷합니다. 이처럼 확률을 바탕으로 원자 안에서 전자가 나타날 위치를 나타낸 것이 바로 '전자구름'입니다.

전자구름 모형을 보면 확률에 따라 구름의 진하기가 다릅니다. 구름이 연한 곳은 전자가 나타날 확률이 낮다는 뜻이고, 진한 곳

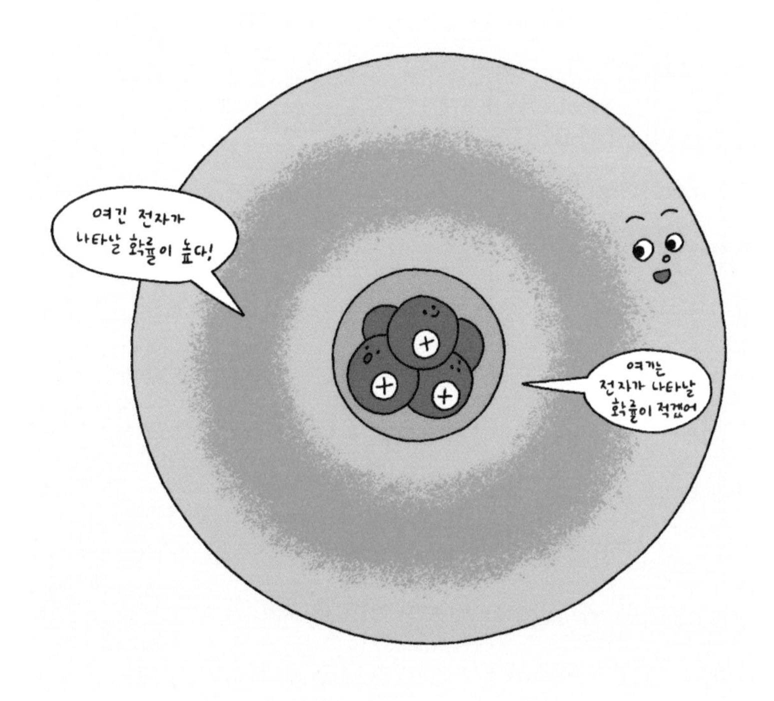

전자가 위치할 확률을 나타낸 전자구름

은 전자가 나타날 확률이 높다는 의미죠. 원자핵 한가운데에는 전자가 존재할 확률이 거의 없기 때문에 구름이 표현되지 않아요. 하지만 일정한 에너지 준위를 가지는 원자 내부의 특정한 위치에서는 전자가 발견될 확률이 높으므로 구름이 나타납니다.

슈뢰딩거는 전자가 움직이는 궤도(오비탈)를 수학적으로 파동함수를 이용해 풀었는데, 이를 궤도함수라고 합니다. 슈뢰딩거의 방정식은 시간에 따른 전자의 상태를 나타냅니다. 뉴턴이 태양 주위를 도는 여러 행성들의 궤도 운동을 중력(重力)의 법칙으로 풀어낸 것과 유사하죠. 그럼 궤도함수를 통해 s, p, d, f 오비탈의 모양을 살짝 들여다볼까요?

s오비탈의 궤도함수는 좌우가 완전히 대칭인 상태로 원자핵을 중심으로 원을 그리며, 어떤 특정 방향성을 갖지 않습니다. 구(球)형이죠. p오비탈 궤도함수는 3차원 공간에서 x, y, z축별로 직교하는 3개의 아령 모양으로 표현되고, d오비탈 궤도함수는 5개이며 클로버 잎 모양입니다. 마지막으로 f오비탈 궤도함수는 7개로 표현돼요.

그런데 첫 번째 전자껍질의 s오비탈 궤도함수와 두 번째 전자껍질의 s오비탈 궤도함수는 모양은 같지만 전자가 분포하는 크기가 달라요. 전자가 존재하는 전자껍질의 위치가 다르기 때문입니다. 이는 p오비탈 궤도함수나 d오비탈 궤도함수, f오비탈 궤도함수 역시 마찬가지예요.

이러한 궤도함수의 모양과 에너지를 통해서 원자의 최외각 전자가 어떻게 분포하고 있는지, 그리고 원자가 다른 원자와 결합을 형성할 때 분자는 어떤 모양이 되는지 추측할 수 있답니다.

원자의 비밀에 집착한 사람들

톰슨의 음극선관 실험과 전자

멘델레예프는 원소를 원자량 순서대로 나열하면서 원소의 성질이 주기적으로 반복되는 것에 착안하여 주기율표를 만들었어요. 현대식 주기율표는 멘델레예프식 주기율표와 달리 원자핵에 있는 양성자 수가 증가하는 순서로 원소를 배치해 놓았습니다. 오늘날과 같은 주기율표를 만들기 위해 멘델레예프가 찾아야 했던 마지막 열쇠는 무엇이었을까요?

바로 돌턴이 더 이상 쪼갤 수 없다고 외쳤던 원자를 더 작은 입자로 깨뜨리는 것이었습니다. 그렇다면 돌턴의 원자설은 누구에 의해 어떻게 깨뜨려졌을까요? 그 주인공은 영국의 물리학자 톰슨입니다.

전자는 크기나 질량 면에서 원자핵에 비하면 먼지 같아요. 몹시 작죠. 하지만 크기와 질량이 작다고 해서 전자의 존재를 무시해서는 안 돼요. 전자는 양성자와 함께 원소의 정체성을 나타낼 뿐만 아니라 화학적 성질을 결정짓는 핵심적인 역할을 하기 때문입니다.

전자는 1897년 톰슨에 의해 발견되었어요. 톰슨은 음극선이 전기장과 자기장에 따라 어떻게 움직이는지 관찰하다가 전자의 존재를 발견했죠. 더 이상 쪼갤 수 없다고 여겨지던 원자가 쪼개지는 순간이었습니다.

톰슨은 진공 상태로 만든 유리관 양끝에 두 전극, 그러니까 음(−)극과 양(+)극을 설치했습니다. 그리고 높은 전압을 걸어 음(−)극에서 양(+)극으로 이동하는 빛을 관찰하는 음극선관 실험을 진행했어요. 진공 상태의 유리관에 높은 전압을 줄 때 음극선에 생기는 변화도 관찰했죠.

이 실험에서 그는 유리관 안에 어떤 물질을 놓아두었을 때 양(+)극 쪽에 그 물질의 그림자가 생기는 현상을 발견했습니다. 또 음극선이 음(−)극에서 나와 양(+)극으로 이동하는 성질을 가지고 있으며, 이때 음극선은 직진한다는 사실도 알게 되었어요. 뿐만 아니라 진공 상태의 유리관에 자석을 갖다 대면 음극선이 휘어지는 현상을 관찰했죠. 이를 통해 톰슨은 음극선이 '전하를 띠는 입자'로

© Wikimedia Commons

원자설을 깨뜨린 톰슨과 음극선관 실험

이루어져 있다는 것을 알아냈습니다.

톰슨은 여기에서 멈추지 않고 실험을 이어 나갔어요. 유리관 중간에 바람개비를 설치하고 높은 전압을 걸었을 때, 바람개비가 회전하는 것을 볼 수 있었죠. 그는 진공 상태에서 바람개비가 회전한다는 것은 질량을 가진 어떤 입자가 바람개비의 날개와 부딪히면서 나타난 현상이라고 생각했어요. 그리고 음극선이 질량을 가지고 있는 입자라는 사실을 알았습니다. 원자는 더 작은 입자로 구성되어 있으며, 원자 안에 있는 질량과 음(−)전하를 가진 작은 입자의 정체가 '전자'라는 것이 드디어 밝혀진 거죠.

톰슨은 전자가 원자 사이에서 활발하게 이동하고, 진공 상태에서도 전혀 모양이 손상되지 않은 채 공기 중으로 튀어 나오기도 한다는 것을 알아냈어요. 여러분도 아마 공기 중으로 튀어 나오는 전자를 직접 경험한 적이 있을 거예요. '정전기' 말이에요. 건조한 겨울철 스웨터나 니트류를 입을 때 정전기가 통하면서 찌릿했던 기억이 있죠? 그게 바로 전자 때문이랍니다.

톰슨은 자신의 실험 결과를 바탕으로 새로운 원자 모형을 발표했습니다. 톰슨의 원자 모형은 양(+)전하를 띤 원자 속에 음(−)전하를 가진 전자가 여기저기 박혀 있는 모습이에요. 톰슨은 전자가 느슨하게 박혀 있기 때문에 밖으로 튀어나올 수 있다고 생각했습니다.

원자핵을 발견한 알파 입자 산란 실험

전자의 정체가 밝혀지자 사람들은 원자가 어떻게 구성되어 있는지 더욱 궁금해졌어요. 만약 원자가 전자로만 구성되어 있다면 어떻게 다양한 원소가 존재할 수 있을까 하는 의문이 들기 시작한 거예요.

전자를 발견한 톰슨의 음극선관 실험에 이어 돌턴의 원자설은 또 한 번 깨집니다. 1911년 러더퍼드가 알파(α) 입자 산란 실험을 하던 도중 원자핵을 발견했기 때문이에요.

사과를 반으로 잘라 본 적 있나요? 사과를 자른 단면을 보면, 안쪽 가운데에 씨가 있잖아요. 저는 사과 씨를 보면서 '원자 안에도 이렇게 원자핵이 있겠구나.' 하고 생각하곤 합니다. 러더퍼드는 사과 씨처럼 원자 내부에는 원자핵이라는 입자가 존재한다는 것을 알아냈습니다.

러더퍼드는 아주 얇은 금박에 알파 입자를 쪼여 주면서 알파 입자의 진로를 관찰하는 실험을 했어요. 알루미늄(Al) 포일처럼 아주 얇은 금박에 양(+)전하를 띠고 있는 알파 입자를 쪼이면서 알파 입자가 어떤 경로를 그리며 지나가는지를 관찰한 거예요. 이 실험을 통해 러더퍼드는 두 가지 사실을 알게 되었습니다.

첫째, 대부분의 알파 입자는 얇은 금박을 그대로 통과하여 지나갔습니다. 둘째, 알파 입자 중 극히 일부는 금박을 통과하면서 큰 각도로 경로가 휘어졌어요. 입자가 다시 튕겨 나온 거예요. 러더퍼드는 이 광경을 보고 깜짝 놀랐습니다. 아주 얇은 종이에 큰 대포를 쏘았는데, 그 포탄이 되돌아오는 모습을 본 것 같았죠.

알파 입자는 어떻게 다시 튕겨 나왔을까요? 양(+)전하를 띤 알파 입자가 금박을 구성하고 있는 원자 내부에 있는 무엇인가를 만났기 때문입니다. 그래서 순간적으로 도로 튕겨 나온 거예요. 그렇다면 알파 입자와 부딪힌 존재 또한 양(+)전하를 띠고 있는 게 분명하다고 볼 수 있어요. 같은 전기적 성질을 띤 양(+)전하끼리는 서로 밀어내니까요.

러더퍼드는 이 실험을 통해 원자 내부에 양(+)전하를 띠고 있는 입자가 존재한다는 사실을 알았습니다. 또한, 튕겨 나온 알파 입자가 극히 일부인 것으로 보아 금속 원자 안에서 이 입자는 아주 좁은 지역에 집중되어 있고 나머지 공간은 비어 있으며, 원자의 중심에 위치한다는 것을 알게 되었어요.

이 결과를 바탕으로 러더퍼드는 톰슨의 원자 모형을 수정했습

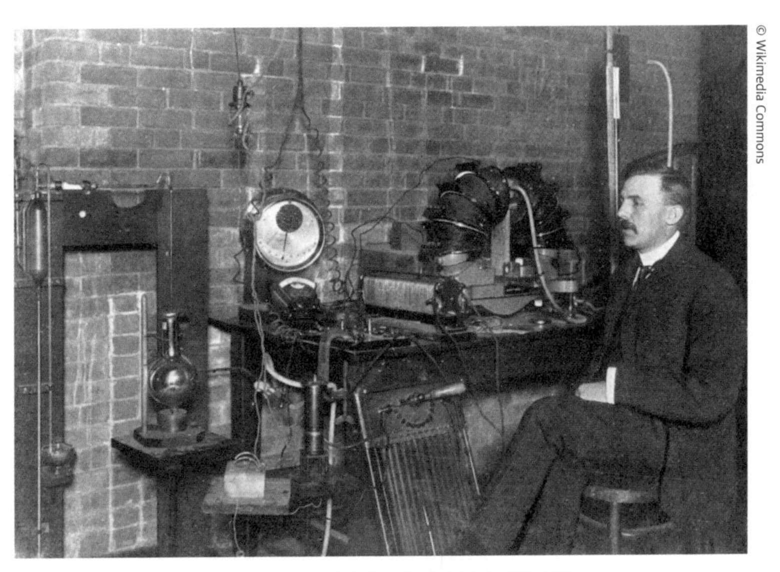

원자핵을 발견한 러더퍼드의 알파 입자 산란 실험

니다. 대부분의 원자 내부가 비어 있고, 그 공간을 전자들이 떠다니고 있는 새로운 원자 모형을 제시한 거예요.

양성자와 중성자를 관찰하는 방법

원자핵은 러더퍼드의 알파 입자 산란 실험을 통해서 발견되었고, 전자는 톰슨의 음극선관 실험을 통해서 발견되었습니다. 그렇다면 원자핵이 양성자와 중성자로 이루어져 있다는 것은 어떻게 밝혀졌을까요? 전기적으로 중성을 띠고 있는 중성자는 발견하기가 어려웠을 것 같은데 말이에요.

1886년 독일의 물리학자 오이겐 골트슈타인(Eugen Goldstein)은 톰슨의 음극선관을 개조한 실험을 하고 있었어요. 그는 방전관에 소량의 수소 기체를 넣고 높은 전압을 주었을 때 음(−)극 쪽으로 빛이 이동하는 현상을 관찰했습니다. 골트슈타인은 이 빛을 양극선이라고 불렀어요. 이러한 발견이 있었기에 1911년에 이 양극선이 바로 양성자의 흐름이라는 것을 러더퍼드가 밝혀낼 수 있었던 거예요.

이후 1932년 영국의 물리학자 제임스 채드윅(James Chadwick)이 원자핵을 구성하고 있는 중성자를 발견했습니다. 그는 튀어나오는 양성자의 에너지를 분석하는 실험을 했어요. 알파 입자 산란 실험에서 금박 대신 베릴륨(Be)박에 알파 입자를 쪼이는 실험이었죠. 그랬더니 전하를 띠지 않는 입자가 베릴륨박과 충돌하여 튕겨 나오는 현상이 일어난 거예요. 전하가 없고 질량은 양성자와 비슷하며 전자보다 1839배 무거운 어떤 입자가 관찰된 거죠.

전하를 띠지 않는 중성자를 발견한 채드윅

이를 통해 원자핵 안에는 양성자 이외에도 전하를 띠지는 않지만 질량을 가진 입자가 존재한다는 사실을 알게 되었습니다. 채드윅은 전하를 띠지 않는 입자를 '중성자'라고 불렀어요.

같은 전기적 성질을 가진 양성자끼리 서로 밀어내지 않고 원자핵 내부에 뭉쳐 있을 수 있는 이유는 바로 중성자 덕분입니다. 중성자가 양성자를 흩어지지 않게 하는 역할을 해요. 양성자와 중성자 사이에 '핵력'이 작용하기 때문입니다. 핵력은 짧은 거리에서 전자기력보다 힘이 강해요. 양성자와 중성자 사이에 존재하는 핵력이 양성자 사이의 반발력보다 크죠. 그래서 양성자가 원자핵에 꼭 붙어 있을 수 있는 거랍니다. 양성자가 흩어지거나 탈출하지 않게 단단히 붙들어 주는 모습이 마치 안전벨트 같지 않나요?

채드윅이 중성자를 발견하면서 원자 모형은 톰슨과 러더퍼드에 이어 더 발전했습니다. 원자핵과 전자가 서로 구분되고, 원자핵은 양성자와 중성자로 이루어져 있다는 것을 알게 되었으니까요. 뿐만 아니라 원자를 구성하고 있는 입자들로 인해서 여러 종류의 원소가 구별되고, 저마다 다른 화학적 성질을 가진다는 것도 알 수 있었죠.

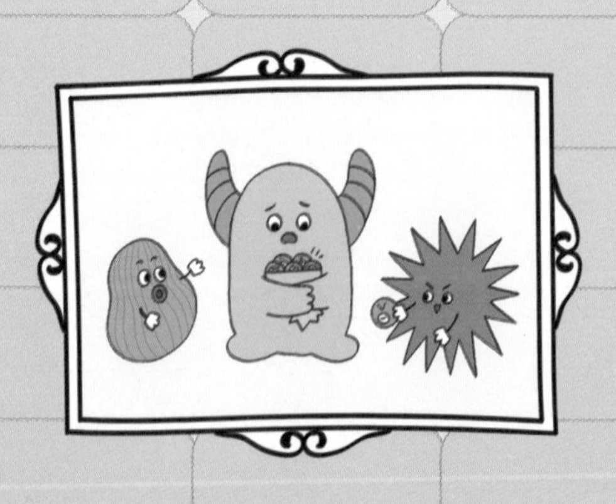

3장

주기율표에서 원소 찾기

#원소의 위치 #열과 전기를 잘 전달하는 금속
#비금속·준금속 원소 #격렬하게 반응하는 알칼리금속
#화합물을 생성하는 할로겐 #독립적인 비활성 기체

금속 원소는
딱딱할까 말랑할까?

주기율표에서 금속 원소 찾기

우리 주변에는 많은 종류의 금속이 있습니다. 요리를 하고 밥을 먹을 때 필요한 냄비와 젓가락에서부터 손목시계, 반지, 목걸이 같은 액세서리, 선박, 자동차, 건축물 등에 이르기까지 수많은 금속 물질을 사용하고 있죠.

그런데 만약 더 이상 금속을 사용할 수 없다면 어떻게 될까요? 옛날 사람들처럼 흙이나 나무 등으로 집을 짓고 살아야 할지도 모릅니다. 뿐만 아니라 금속으로 만드는 많은 물건이 사라져 굉장히 불편할 거예요. 그만큼 금속 원소는 우리의 삶과 밀접하게 연결되어 있습니다.

'금속' 하면 가장 먼저 어떤 이미지가 떠오르나요? 아마도 단단하고 견고한 쇳덩어리일 거예요. 실제로 금속은 단단한 성질이 있습니다. 이를 이용해 철근 등의 금속으로 건물의 뼈대를 세웁니다. 자동차 역시 금속으로 된 단단한 몸체 덕분에 안심하고 탈 수 있죠. 그 외에도 우리가 편리하게 사용하고 있는 많은 물건이 금속으로 만들어집니다.

이렇게 다양한 것들을 금속으로 만드는 이유는 무엇일까요? 금속이 가지고 있는 여러 가지 성질 때문입니다. 우리 주변에서 쉽게 찾아볼 수 있는 금속 원소로는 금(Au), 은(Ag), 구리(Cu), 알루미늄(Al), 철(Fe) 등이 있는데요. 금속은 펴짐성(전성)과 늘림성(연성), 전기 전도성, 열 전도성이 있어요.

금은 펴짐성이 있기 때문에 두들겨서 아주 얇게 펼 수 있습니다. 그래서 다양한 형태의 반지나 목걸이 같은 귀금속 재료로 사용돼요. 구리는 잡아당기면 길게 늘어나는 늘림성과 전기를 전달하는 전기 전도성이 좋습니다. 그래서 전선의 재료로 사용할 수 있죠. 또 알루미늄은 열을 전달하는 열 전도성과 펴짐성이 있기 때문에 음식을 포장하는 데 사용되는 알루미늄 포일을 만들 수 있어요. 알루미늄 포일은 따듯한 음식이 금방 식어 버리지 않도록 도와줍니다. 철은 늘림성과 단단함이 있어 건물의 골격을 형성할 때 사용하는 철근이나 철사를 만들죠. 구리는 펴짐성과 늘림성,

열과 전기를 잘 전달하는 금속 원소

열 전도성이 있기 때문에 보일러관의 원료로 사용됩니다.

이러한 금속의 성질은 왜 나타나는 걸까요? 바로 금속 안에 있는 '자유 전자' 덕분입니다. 금속 원소의 원자는 금속 양(+)이온과 자유 전자로 이루어져 있어요. 금속 양(+)이온과 자유 전자 사이에 끌어당기는 힘이 강하게 작용하고 있기 때문에 비교적 단단한 성질을 띠고 실온에서 고체로 존재해요. 뿐만 아니라 강한 정전기적 인력으로 인해 녹는점과 끓는점이 높습니다.

자유 전자는 자유롭게 움직일 수 있습니다. 금속 내부에서 양(+)이온 사이를 마음껏 돌아다녀요. 그래서 금속에 힘을 가해도 부서지거나 깨지지 않고 단지 모양만 변하는 거예요. 퍼짐성과 늘림성을 갖고 있죠. 금속에 가해지는 힘에 의해 양(+)이온이 움직

금속 내부에서 양이온 사이를
자유롭게 돌아다니는 자유 전자

일 때 자유 전자가 같이 움직이기 때문입니다. 자유 전자가 자유롭게 움직일 수 있어 금속 결합이 깨지지 않고 유지되는 거랍니다.

또 자유 전자는 열과 전하를 운반해요. 자유 전자가 음(−)전하를 양(+)극 쪽으로 이동시켜 주기 때문에 금속 원소는 고체나 액체 상태에서 전기가 잘 통합니다. 마찬가지로 열을 얻은 자유 전자는 온도가 높은 곳에서 낮은 곳으로 자유롭게 이동하면서 열을 전달하죠.

주기율표에서 금속 원소는 어디쯤 위치해 있을까요? 주기율표를 옆에 두고 가만히 살펴보세요. 금속 원소는 주로 가운데 영역에 넓게 위치하고 있습니다. 금(Au), 은(Ag), 구리(Cu), 알루미늄(Al), 철(Fe)뿐만 아니라, 자전거를 만드는 타이타늄(Ti), 자동차를 만들 때 쓰이는 크로뮴(Cr), 액세서리 및 그릇의 원료로도 사용되는 백금(Pt), 온도계에 들어가는 수은(Hg) 등도 여기에 속해 있죠.

빠지지 않는 금속 원소 철(Fe)

지구에서 가장 흔한 금속 원소는 무엇일까요? 아마도 철(Fe)이 아닐까 싶습니다. 철은 주로 암석층에서 발견되지만 대부분 지구의 내핵과 외핵에 있어요. 내핵에서는 고체로, 외핵에서는 뜨겁게 용해된 액체 상태(용융철)로 존재하죠. 땅속 매장량이 압도적으로 많아서 가격도 다른 원소에 비해 굉장히 저렴합니다.

자연적으로 발견되는 철은 대부분 산소와 결합한 산화철(FeO) 형태입니다. 그래서 순수한 철을 만들기 위해서는 정제하는 과정이 필요하고, 철을 사용하려면 고도의 기술력이 있어야 해요. 산화철을 순수한 철로 만드는 기술은 기원전 15세기 지중해 지역의 히타이트 사람들에 의해 개발되었어요. 돌을 도구로 사용하던 고대 인류가 청동을 발견하면서 철을 다루는 기술이 점점 발전했고, 철을 이용한 도구나 무기를 만들 수 있었죠. 철을 다루는 기술이 발달하면서 인류의 문명도 급속도로 발전했습니다.

현재 전 세계에서 제조되는 금속의 대부분이 철로 만들어졌어요. 그만큼 철은 세상 곳곳에 자리 잡고 있습니다.

하지만 철은 치명적인 단점이 있어요. 공기 중의 산소와 만나면 '녹'이라고 불리는 얇은 막을 형성해서 쉽게 부식됩니다. 여러분도 아마 녹슨 철을 본 적이 있을 거예요. 산소와 반응하여 쉽게

© Wikimedia Commons

인류 문명을 급속도로 발전시킨 철기 시대의 유물

녹슬어 버리는 성질 때문에 철은 다른 금속과 섞어서 사용하거나, 녹에 강한 다른 금속을 철 표면에 도금해서 사용하기도 합니다. 철이 지닌 커다란 단점을 보완해 주는 거예요.

철을 다른 금속과 섞으면 다양한 합금을 만들 수 있습니다. 철에 소량의 탄소나 니켈(Ni), 타이타늄 같은 금속을 첨가하면 원래의 철보다 더욱 단단한 '강철'이 됩니다. 또 여기에 크로뮴을 첨가하면 '스테인리스강(Stainless Steel)'이 만들어져요.

스테인리스강은 일상생활에서 유용하게 사용됩니다. 주방용 그릇이나 보관 용기 등에도 많이 쓰이죠. 유리그릇이나 사기그릇과 달리 떨어뜨리더라도 깨질 염려가 없어 활용도가 높아요. 뿐만 아니라 녹슬지 않아 오래 쓸 수 있습니다.

철은 심지어 우리 몸속에도 있어요. 생명을 유지하는 데 중요한 역할을 하죠. 혈액 속에는 헤모글로빈(Hemoglobin)이라는 철 화합물이 들어 있습니다. 헤모글로빈은 철 원소를 포함한 붉은색을 나타내는 색소 '헴(Heme)'과 '글로빈(Globin)'의 화합물 형태로 존재해요.

우리가 호흡을 통해 들이마신 산소는 헤모글로빈 속에 있는 철에 의해서 몸속 세포 구석구석으로 운반됩니다. 세포는 헤모글로빈으로부터 산소를 공급받아서 에너지를 만들어 내요. 그렇기 때문에 몸속에 철분이 부족하면 산소를 아무리 많이 들이마시더라도 세포에게 충분히 전달되지 않고, 세포는 우리 몸에 필요한 에너지를 원활히 만들어 낼 수 없죠.

혹시 어지럼증을 잘 느끼는 사람 있나요? 빈혈(貧血)은 철 성분과 관련이 있습니다. 몸속에 철분이 부족하면 빈혈이 생길 수 있거든요. 피부로 보이는 핏기를 혈색(血色)이라고 하는데, 이 역시 철과 관련이 있어요. 몸속에 철분을 충분히 가지고 있는 사람은 건강한 혈색을 띱니다. 하지만 철분이 부족해 빈혈이 있는 사람은 혈색이 창백할 수 있어요.

빈혈을 예방하기 위해서는 철분이 풍부한 음식을 골고루 잘 섭취해야 합니다. 시금치 같은 녹황색 채소와 해조류 등에 철분이 풍부해요. 철분은 체내에 잘 흡수되지 않기 때문에 반드시 음식을 통해서 다른 동식물에 있는 철분을 간접적으로 충분히 섭취해야 합니다.

상온에서 액체로 존재하는 유일한 금속 수은(Hg)

금속이라고 하면 보통 단단한 쇳붙이를 먼저 떠올립니다. 그런데 물처럼 흐르는 금속이 있습니다. 무엇인지 알고 있나요? 이 금속은 고대부터 오늘날까지 무려 4000년이 넘는 세월 동안 사용되고 있어요. 바로 수은(Hg)입니다.

수은은 지구상에서 유일하게 상온에서 액체로 존재하는 금속 원소예요. '진사'라고 불리는 붉은색의 황화수은(HgS) 광석을 가열해서 순수한 수은을 얻을 수 있습니다. 황화수은 광석을 가열하면 액체 형태의 수은이 흘러내려요. 이때 흘러내리는 속도 때문에 수은을 '퀵 실버'라고 부르기도 합니다. 수은은 온도가 섭씨 39도 이하로 떨어져야만 고체 상태로 변해요.

치과에서 충치 치료를 받아 본 적이 있다면 여러분의 입속에는 이미 수은이 있을지도 모릅니다. 수은은 상온에서 액체로 존재하는 특성 때문에 여러 가지 금속과 결합하면 무른 성질이 생겨요. 아말감(Amalgam) 합금 형태가 되죠. 아말감은 금속인데도 무른 성질을 가지고 있어서 오래전부터 다양한 곳에 사용되고 있어요.

수은에 금을 넣으면 금 아말감을 형성합니다. 예전에는 순수한 금을 정제하는 데 이 방법을 사용하기도 했어요. 수은이 금하고만 반응하여 금 아말감을 이루면서 나머지 불순물 찌꺼기로부터 떨

© Wikimedia Commons

상온에서 액체 상태로 존재하는 수은

어져 나오기 때문입니다. 금 아말감에 열을 가해 다시 수은을 분리해 내면 순순한 금을 얻을 수 있죠.

오늘날 치과에서 사용되는 치료용 아말감의 재료는 은과 주석(Sn), 구리로 만들어진 고체 합금에 수은을 첨가하여 만들어져요. 아말감은 충치를 치료한 다음 치아의 빈 공간을 채워 주는 충전재(充塡材)로 널리 이용되고 있습니다. 수은 아말감은 다른 충전재에 비해 비용 면에서 저렴하거든요.

수은은 다른 금속과 아말감을 형성하는 독특한 성질을 이용해 다양한 용도로 사용되지만, 반대로 이러한 성질 때문에 비행기 안에서 절대로 휴대하면 안 되는 금지 품목 중 하나이기도 합니다. 소량의 수은이라도 만약 비행기 안에서 쏟아진다면 알루미늄 재질로 만든 기체를 녹여 큰 위험을 초래할 수 있으니까요.

또한, 수은은 인체에 독성이 있어 위험한 물질입니다. 극미량이라도 인체에 노출될 경우 장기나 신경계에 손상을 줄 수 있어요. 이 사실을 미처 알지 못했던 18세기 초반까지만 해도 수은을 인체에 바르는 약이나 치료제로 사용하기도 했어요. 그리스인은 치료용 연고로 수은을 사용했고, 로마인은 화장품에 수은을 넣어 사용했죠. 그러다 수은이 인체에 미치는 독성이 밝혀지면서 점차 약이나 치료제로 사용하는 것을 중단하게 되었어요. 1956년 일본 구마모토에서 발생한 미나마타병의 원인 역시 수은이었죠.

그래서 수은을 사용할 때는 매우 조심해서 다뤄야 해요. 오늘날 형광등, 온도계, 체온계 등의 재료로 사용되는 수은은 주의를 기울여 매우 엄격히 관리되고 있답니다.

지각을 구성하는 비금속·준금속 원소

주기율표에서 금속이 아닌 원소 찾기

주기율표에는 금속 원소가 아닌 원소들이 있습니다. 비금속(非金屬) 원소와 준금속(準金屬) 원소예요.

그런데 사실 비금속 원소는 '금속이 아닌 원소'라기보다 '금속의 주된 성질을 갖지 않은 원소'라고 생각하면 쉽게 이해할 수 있어요. 비금속 원소는 주기율표에서 오른쪽 윗부분에 위치하고 있습니다. 대표적으로 산소(O), 염소(Cl), 질소(N), 탄소(C), 황(S), 헬륨(He) 등이 속하죠.

비금속 원소는 우리가 살아가는 데 꼭 필요한 원소이기도 해요. 산소만 보아도 딱 느낌이 오지 않나요? 이들은 동식물이 생명을 유지하는 데 중요한 역할을 합니다. 호흡을 위해 들이마시고 내쉬는 공기 속에는 비금속 원소의 대표라고 할 수 있는 산소와 질소 등이 들어 있거든요.

질소는 지구 대기에서 가장 많은 비중을 차지합니다. 무려 78퍼센트나 되죠. 질소는 끓는점이 약 영하 196도입니다. 그래서 대부분 기체로 존재해요. 그 이하로 온도를 낮추면 액화되어 액체 질소가 되는데, 액체 질소는 저렴한 냉각제로 다양한 곳에 활용돼요. 영하에서 진행되는 극저온 실험이나 연구 장비를 냉각할 때도 액체 질소를 사용합니다. 최근에는 아이스크림 제조기에도 사용하고 있어요.

보호 장갑을 착용하고 다뤄야 하는 액체 질소

액체 질소를 사용할 때는 반드시 주의해야 합니다. 잘못하면 동상이나 화상을 입을 수 있어요. 꼭 전용 보호 장갑과 안전 보안경을 착용해야 해요.

또 액체 질소를 안전하게 보관하기 위해서는 안전용기가 필요합니다. 전용 용기가 아닌 일반 용기에 액체 질소를 넣고 밀폐하면 터질 수 있어요.

준금속 원소는 주기율표에서 금소 원소와 비금속 원소의 경계에 위치해 있습니다. 금속 원소와 비금속 원소의 성질을 모두 가지거나 양쪽 원소의 중간 성질을 가지고 있죠. 그래서 명확한 분류 기준은 따로 없지만, 다양한 방법으로 분류되고 있습니다.

붕소(B), 규소(Si), 저마늄(Ge), 비소(As), 안티모니(Sb), 텔루륨(Te) 6가지 원소를 준금속으로 분류하는데요. 그중 규소는 산소와 함께 지각을 이루는 대표적인 원소입니다. 지각은 매우 단단한 암석으로 이루어져 있어요. 그리고 암석을 구성하는 광물은 산소와 규소 및 여러 가지 금속들로 이루어진 화합물이죠.

가장 널리 사용되는 비금속 원소 탄소(C)

주기율표 속 원소들을 자세히 들여다볼수록 우리와 떼려야 뗄 수 없는 존재들이라는 것을 느낄 수 있습니다. 심지어 우리 모두 주기율표에 있는 원소들로 이루어져 있으니까요.

2주기 14족에 위치해 있는 탄소(C)는 우리가 살아가는 데 없어서는 안 될 소중한 원소 중 하나입니다. 동식물을 포함한 모든 살아 있는 생명체의 몸을 이루고 있죠. 우리 몸에 있는 세포도 탄소를 바탕으로 이루어져 있어요.

뿐만 아니라 탄소는 호흡을 통해 우리 몸 안팎을 오가기도 합니다. 우리는 호흡을 할 때 공기 중의 산소를 들이마시고 이산화탄소(CO_2)를 내뱉죠. 이산화탄소는 탄소와 산소가 결합해서 만들어진 화합물입니다.

탄소는 우리의 주요한 먹거리를 구성하고 있는 원소이기도 해요. 밥이나 빵, 국수 등의 주요 성분으로 3대 영양소 중 하나인 탄수화물(Carbohydrate)은 탄소를 바탕으로 한 화합물입니다. 탄수화물은 탄소와 수소, 산소로 구성되어 있어요. 게다가 고기, 콩 등의 주요 성분인 단백질도 알고 보면 탄소를 중심으로 만들어진 화합물이랍니다.

지각을 구성하는 원소 중 15번째로 풍부한 탄소는 수소, 헬륨, 산소 다음으로 우주에서 가장 풍부한 원소예요. 그만큼 다양한 화합물을 형성하면서 세상에 존재합니다.

최고의 보석으로 사람들에게 사랑받는 다이아몬드와 연필심을 만드는 흑연은 탄소로 구성되어 있다는 공통점이 있습니다. 서로 다른 형태로 존재하지만 둘 모두 순수한 탄소로 이루어져 있죠. 이렇게 한 종류의 원소로 만들어졌지만 그 성질이 다른 물질로 존재하는 경우를 동소체라고 부릅니다. 즉, 흑연과 다이아몬드는 탄소 동소체라고 말할 수 있어요.

모습이나 성질이 서로 다른 흑연과 다이아몬드가 같은 원소로

탄소 동소체인 흑연(좌)과 다이아몬드(우)

이루어져 있다는 사실이 믿기지 않나요? 탄소 동소체는 물질적인 성질에서 많은 차이를 보이는 것이 특징입니다. 흑연은 불투명한 검은색이지만, 다이아몬드는 매우 투명해요. 그리고 흑연은 종이에 글씨를 적을 수 있을 정도로 무르지만, 다이아몬드는 천연물 중 가장 단단하죠. 금강석(金剛石)이라고도 부르는 다이아몬드의 이름이 '무적'이라는 뜻의 그리스어 아다마스(Adamas)에서 유래했다는 것만 보아도 그 단단함을 짐작할 수 있어요. 또 흑연은 전기 전도성이 높지만, 다이아몬드는 전기 전도성이 낮습니다.

똑같이 탄소 원소가 모여 만들어진 물질인데 왜 이렇게 다른 성질을 갖는 걸까요? 그 비밀은 탄소의 원자 구조에 있습니다. 탄소는 가장 바깥 전자껍질에 4개의 전자가 있습니다. 탄소는 옥텟 규칙을 따르기 때문에 최대 4개까지 다른 원자와 결합할 수 있어요.

흑연의 경우 탄소 원자 하나당 다른 탄소 원자 3개와 결합하여 분자를 만듭니다. 이때 탄소 원자들은 정육각형으로 배열을 이루며 층을 형성해요. 이러한 분자 구조는 층층이 느슨하게 얽혀 있어 결합력이 약하죠. 그래서 다른 물질과 마찰되었을 때 쉽게 미끄러질 수가 있답니다.

반면에 다이아몬드 속 탄소 원자는 다른 탄소 원자 4개와 결합되어 있습니다. 결합 가능한 4개의 최외각 전자가 모두 다른 탄소 원자들과 결합하고 있죠. 이들이 서로 맞물려서 정육면체 모양으로 층층이 겹쳐진 큰 결정 구조를 만들면서 매우 단단한 성질을 갖게 된 거예요.

그렇다면 다이아몬드를 자르고 싶을 때는 어떻게 해야 할까요? 다이아몬드는 다이아몬드로만 자를 수 있습니다. 이런 단단한 성질 때문에 산업 분야에서는 인공적으로 만든 다이아몬드를 활용해 공업용 절단기나 연마기로도 쓰고 있죠.

식량 부족 문제의 해결사 질소(N)

먹다 남은 과자는 시간이 지나면 눅눅해집니다. 여름철같이 온도와 습도가 높은 날에는 특히 봉지를 제대로 밀봉해 두지 않으면 과자의 바삭바삭함은 금세 사라져 버려요. 그런데 우리가 봉지를 열 때까지 과자를 바삭하게 유지할 수 있게 도와주는 원소가 있어요. 바로 질소(N)입니다. 우리가 어디서든 맛있는 과자를 즐길 수 있는 건 과자 봉지 안에 채워진 질소 덕분이에요.

비금속 원소 출신인 질소의 이름은 '숨막히다'라는 뜻을 가진 그리스어 니게인(Pnigein)에서 유래했어요. 여기서 질소가 어떤 특성을 가지고 있는지 짐작할 수 있나요? 질소는 산소를 차단하는 성질이 있습니다. 그래서 소화기에도 사용돼요. 불이 난 곳의 산소를 차단해서 더 이상 불이 번지지 못하도록 하는 거죠. 과자 봉지 안에서 과자가 공기와 접촉하지 못하게 하는 원리와 비슷합니다.

원자 번호 7번인 질소는 2주기 15족 원소예요. 질소는 지구상 모든 생명체를 구성하고, 우리에게 없어서는 안 될 필수 원소 중 하나랍니다.

아미노산은 우리 몸을 구성하는 단백질의 기본 단위예요. 이 아미노산을 만드는 데 질소가 참여합니다. 우리가 먹는 단백질 식품을 이루는 원소이기도 해요. 우리는 음식에 들어 있는 단백질을 소화해서 아미노산을 얻고, 그걸로 신체에 필요한 단백질을 만들어요.

식물은 자신에게 필요한 아미노산을 스스로 만들 수 있어요. 이때 질소가 아주 많이 필요합니다. 그런데 대부분의 식물은 공기 중에 있는 질소 기체를 직접 이용하지 못해요. 대신 땅속에 있는 질소 화합물을 흡수해서 살아갑니다.

식물이 공기 중에 풍부하게 들어 있는 질소를 사용하려면 미생물의 도움을 받아야 합니다. 식물의 뿌리에 공생하고 있는 미생물이 질소 기체를 식물이 사용할 수 있는 다른 질소 화합물(암모니아, 질산염, 이산화질소 등)로 바꿔 주는 역할을 하는데, 이 과정을 '질소 고정'이라고 해요.

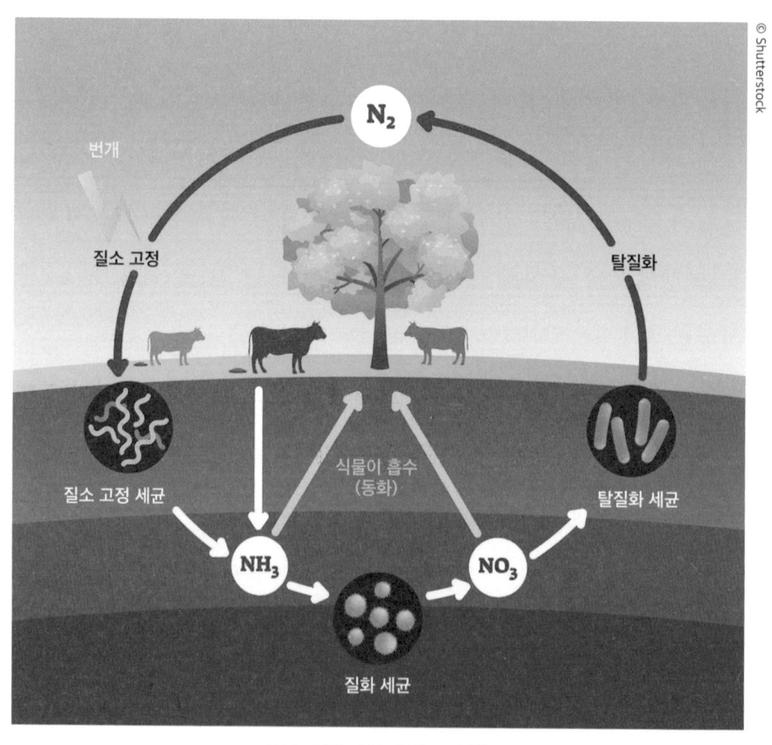

질소 고정 세균과 질소 순환

콩과 식물의 경우 '뿌리혹박테리아'라고 불리는 미생물이 공기 중에 있는 질소를 고정해 질소 화합물을 스스로 만들 수 있어요. 하지만 콩과 식물 이외의 식물은 땅속으로부터 질소 성분을 공급받아 성장해야 하죠. 그렇기 때문에 질소 성분이 풍부한 땅일수록 식물이 튼튼하게 잘 자랄 수 있어요. 그래서 질소가 부족한 땅에는 질소 성분이 충분히 들어 있는 비료를 공급해 식물이 잘 자랄 수 있도록 도와주는 거예요.

농작물의 생산량을 향상시키는 비료는 어떻게 만들어졌을까요? 비료를 만들기 위해서는 우선 수소와 질소로 이루어진 암모니아(NH_3)를 만들어야 했습니다. 그런데 대기에 있는 질소는 상온에서 반응성이 매우 낮기 때문에 암모니아를 생산하는 데 어려움이 많았죠. 그러다가 독일의 화학자 프리츠 하버(Fritz Haber)가 촉매를 이용해 암모니아를 대량으로 만들어 내는 방법을 발견하면서 비료가 개발되었어요.

이후 카를 보슈(Carl Bosch)에 의해서 암모니아 합성물을 제조하는 기술이 더욱 발전했습니다. 보슈는 암모니아를 농업과 산업에 유용하게 이용할 수 있는 방법을 연구했고, 질소 비료의 생산 수단을 개발했어요. 그가 개발한 고압 암모니아 합성법인 '하버-보슈 제법'은 이후 질소 고정을 위한 주요 산업적 공정으로 자리 잡았습니다. 덕분에 오늘날 질소 비료를 대량 생산할 수 있게 되었죠. 비료 대량 생산은 농작물의 수확량을 크게 증가시켰고, 생산성을 높여 식량 부족 문제를 해결하는 데 큰 도움을 주었습니다.

까칠한 알칼리금속 원소가 궁금해?

주기율표에서 알칼리금속 원소 찾기

여러분은 아마 과학 시간에 '알칼리'에 대해 배웠을 거예요. 빨간 리트머스 종이를 파랗게 변화시키는 실험을 기억하나요? 염기성 용액은 리트머스 종이를 파랗게 만들죠. 이처럼 알칼리는 염기성을 띠면서 물에 녹았을 때 산성을 중화시키는 물질입니다.

알칼리금속은 주기율표에서 가장 첫 번째 족에 해당하는 원소예요. 1족 출신의 알칼리금속 원소는 원자가전자의 수가 1입니다. 가장 바깥 전자껍질에 단 1개의 전자를 가지고 있어요. 개성이 강한 원소라고 할 수 있죠.

알칼리금속은 대부분 자연 상태에서 순수한 원소로 발견되지 않습니다. 이온 형태 또는 다른 원소와 결합한 상태로 주로 발견돼요. 우리 주변에서 흔히 볼 수 있는 알칼리금속 원소에는 어떤 것들이 있을까요?

가장 대표적으로는 음식에서 찾아볼 수 있습니다. 음식을 만들 때 빠지지 않고 들어가는 것이 하나 있죠? 바로 소금입니다. 소금의 주성분은 염화소듐(NaCl)이라고도 부르는 알칼리금속 원소 화합물이에요. 소금을 구성하고 있는 소듐은 알칼리금속 원소랍니다. 주기율표를 살펴보면 1족 원소에 소듐이 속해 있는 것을 찾을 수 있죠.

전기 배터리의 원료로 사용되는 리튬(Li) 역시 알칼리금속 원소입니다. 그 외에도 포타슘(K), 루비듐(Rb), 세슘(Cs), 프랑슘(Fr)이 알칼리금속에 속해요.

그런데 저에게는 '소듐' '포타슘'이라는 이름이 조금 낯설게 느껴지기도 해요. 여러분은 학교에서 처음부터 소듐과 포타슘으로 배우고 있겠지만, 저는 학창시절에 '나트륨', '칼륨'이라는 이름으로 배웠거든요. 이름이 바뀐 거예요! 왜 그럴까요?

예전에는 독일에서 부르던 원소의 이름을 사용했기 때문이에요. 과학 강국으로 불렸던 독일에서는 나트륨, 칼륨으로 부르는 것을 선호했거든요. 그러다가 세계 2차 대전 이후 미국을 비롯한 영어권 국가에서 소듐과 포타슘이라는 용어를 사용하기 시작했습니다. 지금 우리나라에서는 대한화학회에서 소듐, 포타슘이라고 원소의 이름을 정리했어요. 그래서 여러분은 소듐과 포타슘으로 배우게 된 거죠.

알칼리금속은 다른 물질과 화학 반응을 할 때 격렬하게 반응합니다. 화학 반응성이 좋아 다른 물질과 쉽게 결합하죠. 특히 수분이나 산소와 강하게 반응해요. 그래서 실험실에서 알칼리금속을 다룰 때는 물이나 공기와의 접촉을 차단하기 위해 석유나 액체 파라핀(Paraffin)에 넣어 보관합니다. 공기 중에 있는 산소 또는 수분과 만나면 굉장히 민감하게 반응하니까요. 단순히 무게를 재거나 소량만을 반응시킬 때에도 공기에 노출되지 않도록 헥산(Hexane)과 용매에 넣어서 다뤄야 해요.

학창시절 과학 시간에 소듐을 이용한 화학 반응 실험을 했던 적이 있어요. 핀셋으로 석유에 잠겨 있는 소듐 금속 덩어리 일부를 좁쌀만큼 떼어 냈죠. 은색 광택이 나는 소듐 금속은 마치 지점토 같았습니다. 핀셋으로도 쉽게 떼어 낼 수 있을 만큼 무른 성질을 가지고 있거든요. 작은 소듐 알갱이를 물을 가득 채운 비

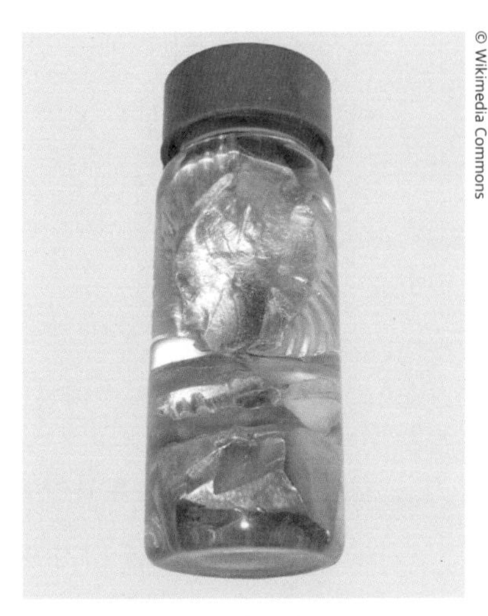

© Wikimedia Commons

기름에 넣어 보관 중인 소듐 금속

물과 만나면 격렬히 반응하여 폭발하는
알칼리금속 원소

커 속에 살며시 떨어뜨렸을 때, 굉장히 격렬하게 반응하는 것을 볼 수 있었습니다. 작은 알갱이가 마치 물의 표면 위에서 피겨스케이팅이라도 타듯 엄청나게 빠른 속도로 뱅글뱅글 돌면서 연기가 나는 것을 관찰했죠.

알칼리금속인 소듐과 물이 반응하면 수소 기체(H_2)가 발생합니다. 수소 기체는 주변에 가연성 물질이 있을 경우 폭발 위험이 있어요. 그래서 실험을 할 때에는 반드시 주의를 기울여서 안전하게 진행해야 합니다. 여러분도 과학 시간에 알칼리금속 원소를 다루는 실험을 할 때는 안전수칙을 잘 지키면서 실험해야 한다는 것을 잊지 마세요.

소듐과 물의 반응이 끝나면 용액은 마치 비누를 풀어 놓은 것처럼 부옇게 변합니다. 그 위에 페놀프탈레인 용액을 떨어뜨리면 붉은색으로 변해요. 소듐과 물이 반응하면서 수소 기체가 빠져나가 수용액이 염기성을 띠기 때문이에요.

알칼리금속 원소는 아래로 내려갈수록, 즉 원자 번호가 증가할

수록 반응성이 더욱 커집니다. 리튬(Li), 소듐(Na), 포타슘(K)…… 순으로 화학 반응이 격렬해진다는 뜻입니다.

잿물에서 기원한 알칼리금속의 이름

산이나 숲속으로 캠핑 가 봤나요? 캠핑의 묘미는 뭐니 뭐니 해도 모닥불을 바라보며 하는 캠프파이어일 거예요. 자연에서 맑은 공기와 함께 캠핑을 즐기며 모닥불을 바라보고 있으면 마음이 참 따뜻하고 아늑해집니다. 복잡한 고민이나 생각에서 벗어나 모닥불을 가만히 바라보는 일을 요즘은 '불멍'이라고 부르기도 하더라고요.

알칼리금속의 이름은 모닥불과 관련 있습니다. 모닥불을 피우던 나무가 다 타고 나면 재가 남죠? 이스라엘과 팔레스타인 지역에서는 예로부터 특정 나무를 태우고 남은 재를 아랍어로 '칼리(Kali)'라고 불렀어요. '칼리'와 정관사 'Al'이 합쳐져서 '알칼리(Alkali)'라고 불리게 되었죠.

당시 사람들은 나무를 태운 재를 유리를 만드는 데 필요한 성분으로 사용하기도 하고, 땀과 얼룩으로 더러워진 옷을 깨끗하게 세탁해 주는 세정제로도 두루 사용했습니다. 이런 일들을 가능하게 한 건 재 안에 들어 있는 탄산포타슘(K_2CO_3)과 탄산소듐(Na_2CO_3)입니다. 탄산포타슘과 탄산소듐은 포타슘과 소듐의 탄산염 화합물 형태예요.

지역에 따라서 나무를 태운 재가 포함하고 있는 탄산염 화합물의 형태가 조금씩 다릅니다. 바다 근처에서 자라는 나무는 속에 바닷물로부터 온 짭짤한 염분기를 머금고 있어요. 그래서 나무를 태우고 남은 재에도 소듐을 비롯한 탄산소듐 성분이 많이 함유되어 있습니다. 반면에 바다로부터 멀리 떨어진 내륙 지역의 나무를 태우고 남은 재에는 탄산포타슘이 많이 들어 있죠.

탄산염 화합물을 포함하고 있는 식물의 재

우리나라에서도 옛날부터 식물이 타고 남은 재에 들어 있는 성분을 지혜롭게 활용했어요. 내륙 지방에서 자라는 식물의 재를 논과 밭에 두루 뿌려 주면, 빗물과 탄산포타슘이 반응해 훌륭한 천연 비료 역할을 했죠. 탄산포타슘이 식물 성장에 꼭 필요한 포타슘 이온(K^+)을 공급해 준 거예요.

'잿물'은 나무를 태운 재를 물에 넣고 섞은 뒤 시간이 지나 가라앉은 재 위로 뜬 용액을 말합니다. 잿물을 증발시키면 고체 형태의 알칼리 성분이 남는데, 옛날 사람들은 이것을 필요한 곳에 다양한 용도로 사용했죠. 우리 조상들 역시 잿물이 가진 세척 작용을 이용해서 세제나 표백제처럼 활용했어요. 서양으로부터 들어왔다는 뜻에서 '양잿물'이라고 불렀죠.

잿물은 수산화소듐(NaOH) 수용액입니다. 수산화소듐 수용액은 동물성 단백질을 잘 녹이는 성질이 있어서 찌든 때를 제거하는 세척 효과가 탁월해요. 잿물이 알칼리성(염기성)을 띠기 때문입니다.

산성 식품보다 알칼리성 식품을 먹어야 건강에 좋다는 말이 있어요. 우리 몸은 피에이치(pH) 7~7.4에 해당하는 약알칼리 상태일 때 최적이기 때문입니다. 피에이치는 수용액의 수소 이온 농도를 나타내는 지표예요. 피에이치가 7보다 작으면 산성, 7보다 크면 염기성입니다. 그리고 산성도 염기성도 아닌 피에이치 7은 중성입니다.

인체를 이루고 있는 세포와 효소의 작용은 피에이치 7.4인 약알칼리성 상태에서 활발하게 이루어집니다. 탄산음료나 인스턴트 같은 가공식품을 너무 자주 섭취하면 우리 몸의 체액 성분이 산성화되어 세포와 효소가 원활히 작용할 수 없어요. 이로 인해 몸의 특정 기능이 떨어지거나 각종 신진대사에 문제가 발생하기도 합니다. 따라서 체내에서 알칼리성을 나타내는 식품을 함께 먹어 주는 게 중요해요. 미역, 다시마 같은 해조류와 콩 등에는 산성화된 몸의 체질 개선에 효과가 있는 훌륭한 알칼리 성분이 풍부하게 들어 있습니다. 알칼리성 식품을 균형 있게 섭취함으로써 몸속 세포와 효소가 잘 작동할 수 있는 환경을 만들어 준다면 건강한 신체를 유지할 수 있을 거예요.

인기 만점 알칼리금속 원소 리튬

최근 나날이 인기가 높아지고 있는 알칼리금속 원소가 있습니다. 우리가 매일 손에서 놓지 못하는 스마트폰을 만들 때도 필수 재료로 사용되고 있죠. 2019년에는 우리나라를 대표하는 두 기업이 이 원소를 사용하는 배터리 분쟁을 겪기도 했어요. 어떤 원소인지 혹시 눈치챘나요? 맞습니다. 바로 리튬(Li)이에요.

1족 알칼리금속 원소인 리튬은 세상에서 가장 가벼운 금속 원소입니다. 얼음처럼 물에 둥둥 뜰 정도로 가볍죠. 물에 뜨는 금속이라니, 참 신기하죠?

오늘날 리튬의 인기가 높아진 이유는 리튬이 가지고 있는 독특한 특성 때문입니다. 리튬은 작고 가벼우면서 대용량의 전기를 효율적으로 만들 수 있어요. 그래서 리튬 이온 전지로 대표되는 배터리 분야에서 가장 많이 쓰이고 있죠.

흔히 한 번 사용하고 버리는 건전지는 1차 전지라고 해요. 그런데 다 쓴 건전지라도 충전해서 다시 재사용할 수 있는 경우가 있어요. 이렇게 충전이 가능한 건전지를 2차 전지라고 하는데, 2차 전지를 만들 때 리튬을 많이 활용합니다. 특히 휴대용 기기에 들어가는 배터리는 충전해서 계속 사용할 수 있도록 리튬 이온 전지를 이용하는 경우가 많아요.

리튬이 많이 쓰이는 이유는 전지의 원리를 살펴보면 자세히 알 수 있어요. 전기 에너지는 전기의 흐름이라고 할 수 있습니다. 전지는 화학 에너지의 크기가 서로 다른 두 물질을 조합해서 전자의 이동을 유도한 다음 전기 에너지를 만들어 내는 원리입니다. 음(−)극에서 양(+)극으로 양(+)이온이 이동하면 음(−)극에 있는 전자가 양(+)극으로 이동해요. 이때 전류가 흐르는 성질을 이용한 거죠. 양쪽에 있는 두 전극의 산화 환원 반응에 의해 전자가 이동하면서 전기 에너지가 발생합니다. 전자가 움직이는 힘은 양쪽 전극에서 전하가 갖는 위치 에너지의 차이로 인해 생깁니다.

리튬은 매우 낮은 에너지 차이로 산화와 환원이 일어나기 때문에 굉장히 큰 에너지를 얻을 수 있어요. 그래서 리튬 이온 전지는 전기 에너지를 저장해 두었다가 기기를 작동시킬 수 있고, 다시 전기를 충전해서 쓸 수도 있습니다.

뿐만 아니라 리튬은 무게가 상당히 가볍고, 발생 전압이 높으며, 전류 용량이 커요. 같은 부피 안에 더 많은 전기 에너지를 저장할 수 있어 수명이 길죠. 이런 성질 때문에 휴대전화나 게임기, 노트북 등에 사용되는 전지로 널리 이용된답니다.

하지만 리튬 이온 전지를 사용하는 전자제품을 사용할 때는 주의를 기울여야 해요. 리튬 이온 전지가 발화하여 폭발 사고가 일어나는 경우도 있거든요. 리튬은 물과 공기 중의 수분과 만나면 수소 기체를 발생시키면서 민감하게 폭발 반응하는 알칼리금속이니까요. 우리가 비행기를 탈 때 전자제품 사용을 제한하는 이유도 바로 리튬 이론 전지가 폭발하는 사고가 발생하는 것을 막기 위해서예요.

요즘 각광받고 있는 친환경 전기자동차의 배터리에도 리튬이 사용됩니다. 최근에는 주유소 못지않게 어딜 가나 전기자동차 충전소를 쉽게 발견할 수 있죠. 전기자동차의 배터리는 가벼워야 하기 때문에 리튬 이온 전지를 사용하는 거예요.

리튬은 아주 오래전 빅뱅(Big Bang)이 일어났을 때 수소, 헬륨과 함께 탄생한 원소 삼총사이기도 해요. 리튬은 높은 반응성 때문에 자연에서 순수한 상태로 발견되기가 매우 어렵습니다. 대부분 규산염 광물인 스포듀민(Spodumene), 페탈라이트(Petalite), 레피도라이트(Lepidolite) 등으로 존재해요. 그런데 채굴이 어렵고 특정 지

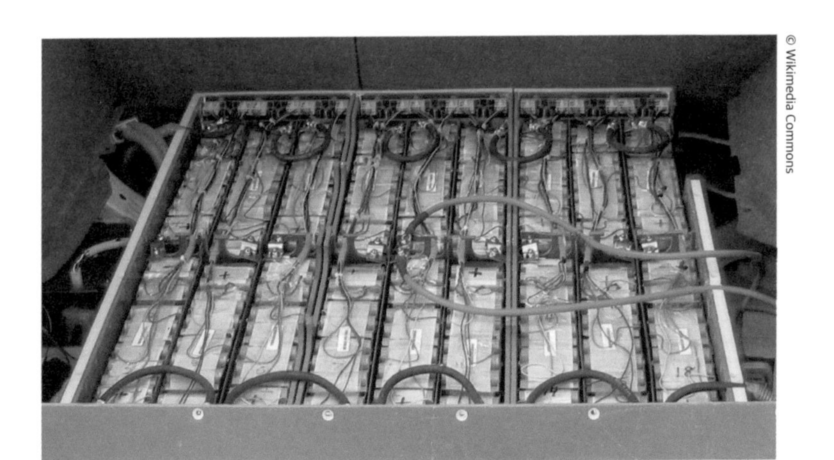

리튬을 활용한 전기 자동차의 배터리

역에서만 한정적으로 발견되어 희유금속(稀有金屬)에 속합니다. 희유금속은 생산되는 양이 매우 적은 금속을 뜻해요.

리튬은 전 세계 매장량의 대부분이 볼리비아 같은 남미 지역에 매장되어 있어요. 2021년 1월에 발표된 미국 지질조사국의 자료에 따르면, 볼리비아는 세계 리튬 매장량(약 8600만 톤)의 24.4퍼센트(약 2100만 톤)에 달하는 리튬을 보유하고 있다고 합니다. 볼리비아의 서부 해발 3000미터에 위치한 우유니 소금호수에는 상당량의 리튬이 매장되어 있는 것으로 알려져 있죠. 최근 전기자동차 배터리의 핵심 소재로 쓰이는 리튬 수요가 늘어나면서 글로벌 기업에서는 리튬 추출 산업을 위해 볼리비아에 뛰어들고 있습니다.

첨단 기술이 발전하면서 리튬의 사용량은 날이 갈수록 치솟고

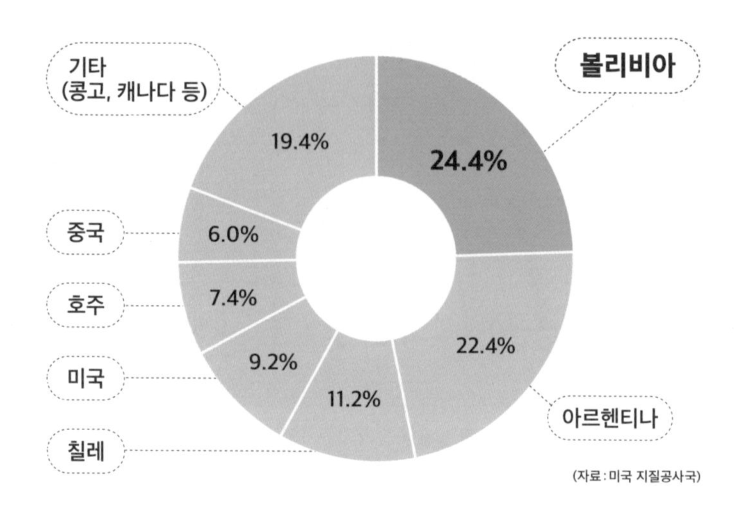

국가별 리튬 매장량

있지만, 매장량이 한정되어 있고 추출하는 데 어려움을 겪고 있어요. 이와 같은 문제를 해결하기 위해서 리튬 이온 전지를 대신할 대체 전지를 개발하는 연구가 활발히 진행되고 있습니다. 그중 하나가 바로 소듐 이온 전지입니다. 소듐은 주기율표에서 리튬 바로 아래에 위치한 같은 족 원소예요. 그래서 두 원소가 가진 유사한 화학적 성질을 이용할 수 있는 거죠. 그러니 미래 친환경 전기자동차 기술은 리튬과 소듐의 연구 개발에 달려 있다고 볼 수 있을 거예요.

고유의 색깔을 가진 할로겐 원소

주기율표에서 할로겐 원소 찾기

할로겐 원소는 주기율표에서 17족에 위치하고 있습니다. 플루오린(F), 염소(Cl), 브로민(Br), 아이오딘(I), 아스타틴(At), 테네신(Ts)이 여기에 속해 있어요. 할로겐 원소는 수소와 결합하여 할로겐화수소를 형성하고, 할로겐화수소 화합물은 물에 녹아 산성을 나타냅니다. 알칼리금속이 물과 격렬하게 반응하여 수소 기체를 발생시키고 수용액은 알칼리금속 양(+)이온으로 인해 염기성을 띠는 것과 반대죠.

할로겐 원소는 원자 번호가 커지고 주기율표에서 아래로 내려갈수록 녹는점과 끓는점이 높아집니다. 그래서 주기율표에서 위쪽에 자리 잡은 플루오린과 염소는 상온에서 기체 상태인 반면, 브로민은 액체, 아이오딘은 고체 상태로 존재해요. 이처럼 할로겐 원소는 알칼리금속에게 뒤지지 않을 만큼 개성이 강하답니다. 저마다 독특한 색깔도 가지고 있죠.

플루오린은 옅은 황색을 띱니다. 물과 반응하면 수소와 결합하여 플루오린화수소(HF)를 만들고, 물에 녹으면 약한 산성을 나타내죠. 플루오린화수소는 유리를 부식시키는 성질이 있어서 유리 공예에 사용하거나 반도체 업계에서 순도를 높이기 위해 반도체를 정제하는 물질의 원료로도 사용됩니다.

주기율표에서 플루오린 바로 아래에는 염소가 위치해 있습니다. 염소(Chlorine)의 이름은 옅은 초록색을 의미하는 그

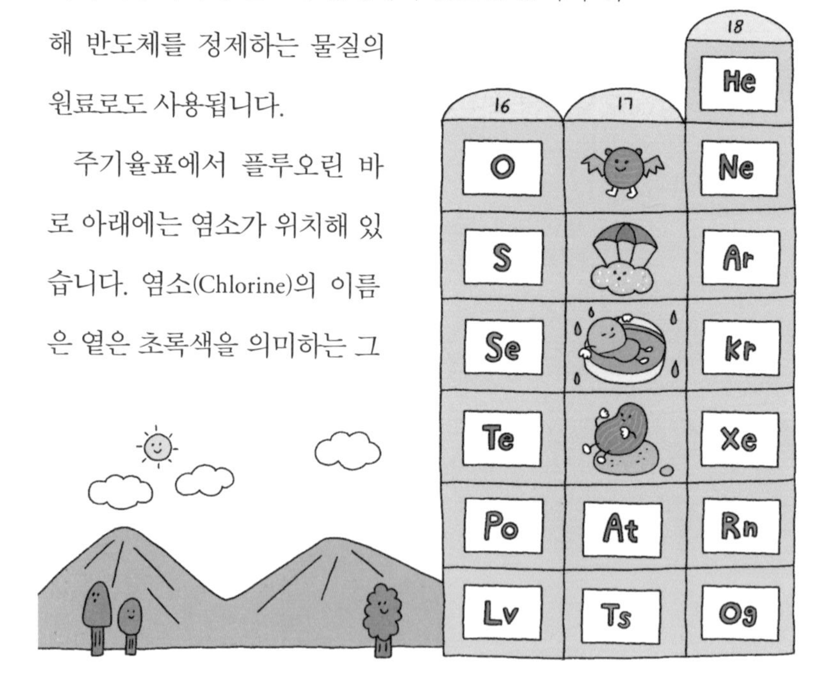

주기율표의 17족에 살고 있는 할로겐 원소

리스어 '클로로스(Chloros)'에서 유래했어요. 염소는 상온에서 불쾌한 냄새와 독성을 가진 황록색 기체로 존재하며, 수소와 반응하여 염화수소(HCl)를 만들어요. 염화수소 수용액은 강한 산성을 나타냅니다. 염소는 소독과 표백 효과가 있어 세탁 세제의 원료로 사용돼요. 뿐만 아니라 수돗물을 소독하는 데도 사용되고 있죠.

브로민화은이 코팅된 사진용 필름의 표면

4주기 원소인 브로민은 적갈색을 띱니다. 수소와 반응하여 브로민화수소(HBr)를 형성하면 물에 녹아 강한 산성을 나타내요. 브로민은 금속 원소인 은과 만나 브로민화은(AgBr)을 만드는데, 브로민화은은 빛에 매우 민감하게 반응합니다. 이렇게 물질이 빛의 작용을 받아 화학적 또는 물리적 변화를 일으키는 것을 감광 작용이라고 해요. 감광 작용을 하는 성질을 이용해 사진용 필름을 제작할 때 브로민화은을 사용한답니다.

5주기 17족 원소인 아이오딘은 상처에 바르는 소독약의 재료예요. 갑상선 기능 회복에도 효과가 있어 갑상선 치료제로 사용되기도 하죠. 아이오딘이 수소와 반응할 경우 아이오딘화수소(HI) 화합물을 형성하는데, 물에 녹으면 강한 산성을 띱니다.

할로겐은 반응성이 가장 센 녀석들?

17족인 할로겐 원소는 가장 바깥 전자껍질에 전자를 7개 가지고 있어요. 추가로 전자를 채울 수 있는 자리가 딱 하나 남아 있는 거죠. 비금속 원소의 경우 옥텟 규칙을 따릅니다. 그래서 하나의 전자껍질에 가득 채울 수 있는 전자는 최대 8개입니다. 다른 원자로부터 전자를 1개만 받아도 안정한 상태가 될 수 있기 때문에 화합물을 잘 만드는 거예요.

할로겐 원소는 주기율표에 있는 원소 중 반응성이 가장 강해요. 다른 원소를 만났을 때 굉장히 반응을 잘합니다. '할로겐'이라는 이름은 염, 즉 화합물을 생성한다는 뜻이에요. 그런데 할로겐 원소마다 반응성에는 차이가 있어요. 주기율표에서 아래로 내려갈수록 할로겐 원소의 반응성은 낮아집니다.

높은 반응성으로 인해 할로겐 원소 중 일부는 아주 위험한 성질을 지니고 있습니다. 그럼에도 불구하고 과학자들은 오랫동안 할로겐 원소를 활용할 수 있는 방법을 연구했어요. 1886년 프랑스 화학자 앙리 무아상(Henri Moissan)은 몇 번이나 플루오린의 독성에 노출되면서도 위험한 실험을 거듭했습니다. 결국 그는 순수한 플루오린을 추출해 내는 데 성공했죠.

플루오린은 반응성이 매우 높아 순수한 상태에서는 굉장히 위험해요. 순수한 플루오린을 보관할 때는 플루오린과 반응하지 않는 플라스틱 용기를 사용해야 할 만큼이요. 그래서 우리 일상생활에서는 순수한 플루오린보다 유해성이 덜한 플루오린 화합물이 다양한 용도로 두루 사용되고 있습니다.

염소는 플루오린과 마찬가지로 반응성이 매우 높아서 화합물을 잘 만듭니다. 그렇기 때문에 자연 상태에서는 순수한 원소로 거의

천연으로 생성되는 염화소듐의 결정 암염

존재하지 않아요. 가장 쉽게 발견할 수 있는 염소 화합물은 염화소듐(NaCl)인 소금입니다. 주로 결정 형태인 암염(巖鹽)으로 발견되죠.

할로겐 원소 중 유일하게 상온에서 액체로 존재하는 브로민 역시 반응성이 강해서 자연에서는 대부분 브로민 화합물 형태를 이루고 있습니다. 브로민 화합물은 물과 쉽게 혼합되기 때문에 바닷속이나 중동의 사해처럼 염분이 높은 호수에 녹아 있는 상태에서 주로 발견돼요. 사해 해안을 따라 걷다 보면 브로민 화합물로 이루어진 해안층을 발견할 수 있죠. 브로민화칼륨(KBr) 등의 브로민 화합물은 호수의 물이 증발하거나 줄어들면 석출되어 하얀 결정으로 남습니다. 그리고 이 고체 상태의 브로민 화합물로부터 브로민을 추출할 수 있어요.

할로겐 중의 할로겐 원소 플루오린(F)

플루오린(F)은 할로겐 원소 중에서도 특히 강한 화학적 개성과 성질을 가졌습니다. 주기율표에서 17족 원소 중 첫 번째로 등장하는 만큼 그 특성이 무척 강해요. 전자를 끌어당기는 힘을 전기음성도라고 하는데, 플루오린은 이 전기음성도가 원소 중에서 가장 셉니다. 원소 중 가장 있는 힘껏 전자를 자기 쪽으로 끌어당겨요. 그만큼 반응성도 강하죠. 그래서 사용할 때는 주의를 기울여야 합니다.

그런데 우리가 매일 사용하고 심지어 입속에 넣는 물질 중에도 플루오린이 사용되고 있어요. 위험하지 않냐고요? 걱정하지 마세요. 극미량의 플루오린을 적절히 잘 사용하면 치아 건강에 도움이 됩니다.

우리가 날마다 양치질을 할 때 사용하는 치약의 성분을 들여다본 적 있나요? 치약에는 미량의 플루오린 화합물이 첨가되어 있습니다. 흔히 '불소'라고 부르기도 해요. 치아에 얇은 막을 입혀 주어 충치 예방에 탁월한 효과가 있죠. 또 치아에 발생한 미세한 충치를 녹여 내 충치가 더 심해지지 않도록 합니다.

하지만 플루오린이 함유된 치약을 사용할 때는 물로 충분히 입안을 헹구어 내야 해요. 플루오린이 입안에 남아 있지 않도록 말이에요. 유리도 녹일 만큼 반응성이 강한 플루오린이 체내에 지속적으로 쌓이면 뼈를 무르게 할 수 있거든요.

플루오린은 형석(螢石)의 주성분이기도 합니다. 형석은 플루오린화칼슘(CaF_2)으로 이루어진 할로겐 광물로, 유리 빛이 나는 결정이에요. 광학 기기나 유리 공업 등에 쓰이고 있죠.

이외에도 플루오린은 다양한 화합물 형태로 우리 생활에 이용됩니다. 플루오린 화합물은 개성이 강한 만큼 일상생활 곳곳에서 특수한 성질을 가진 물질로 널리 이용되고 있어요.

'테플론(Teflon)'이 무엇인지 알고 있나요? 테플론은 플루오린 화합물의 일종인 폴리테트라플루오로에틸렌(Polytetrafluoroethylene)을 줄여 부르는 이름이에요. 프라이팬, 냄비 등 다양한 요리 기구에 테플론이 코팅제로 사용되고 있답니다. 테플론으로 코팅된 프라이팬을 사용하면 음식이 눌어붙지 않아 맛있는 요리를 만들 수 있어요. 광고에 나온는 것처럼 예쁘고 맛있는 달걀 프라이를 완성할 수 있죠.

기능성 소재를 만드는 데에도 플루오린 화합물이 사용돼요. 등산이나 조깅을 할 때 기능성 소재로 된 옷을 많이 입죠? 기능성 의류의 소재를 살펴보면 '고어텍스(Goretex)'가 사용된 경우를 쉽게 찾아볼 수 있습니다. 고어텍스는 테플론을 가공해서 만든 또 하나의 플루오린 화합물입니다.

고어텍스는 오늘날 방수 기능의 대명사가 된 소재예요. 방수와 방풍 기능은 물론이고 땀을 잘 흡수하는 특성이 있죠. 고어텍스가 함유된 원단은 신축성과 내열성이 우수해서 땀 흡수가 잘 되거나 가볍고 따듯한 옷을 만들 수 있어요. 플루오린 화합물의 강한 반응성과 전기적인 특성으로 열이나 약품에 강한 새로운 소재를 만들 수 있게 된 거죠.

상처에 바르는 원소 아이오딘(I)

넘어지거나 어딘가에 부딪혀서 상처가 났을 때 어떻게 하나요? 다쳐서 피가 나는 상처 부위를 먼저 소독해야 해요. 이때 소독을 위해 바르는 '빨간약'을 알고 있나요? 이 소독약의 주성분이 할로겐 원소인 아이오딘(I)입니다. 아이오딘의 이름은 자주색을 뜻하는 그리스어 이오데스(Iodes)에서 유래했어요. 아이오딘이 포함된 소독약은 이름처럼 검붉은 색을 띱니다. 아이오딘을 상처 부위에 바르면 세균으로부터 감염되는 것을 막을 수 있어요.

17족 5주기 원소인 아이오딘은 할로겐 원소 중 상온에서 유일하게 고체로 존재합니다. 고체 아이오딘 결정은 검푸른 색을 띠며 광택을 지니고 있어요. 또 가열하면 액체로 녹아내리지 않고 바로 증기로 변해 버리는 특성을 갖고 있습니다.

아이오딘은 1811년 프랑스 화학자 베르나르 쿠르투아(Bernard Courtois)에 의해 처음 발견되었습니다. 그는 바다에서 나는 해초들을 태우고 남은 재를 액체에 녹여서 염화포타슘(KCl)을 분리해 냈는데, 남아 있는 액체에 황산을 넣자 자극적인 냄새를 풍기는 보라색 증기가 생기는 것을 발견했어요. 이 증기를 냉각시켰더니 응축되면서 비금속의 검푸른 결정이 생겼습니다. 바로 아이오딘이죠.

상온에서 유일하게 고체 상태인 할로겐 원소 아이오딘

아이오딘은 인체에도 중요한 역할을 하고 있어요. 우리 몸에는 티록신(Thyroxine)이라고 불리는 갑상선호르몬이 있습니다. 티록신은 세포 호흡과 체온 조절 같은 여러 가지 신진대사를 촉진하는 기능을 하고, 아이오딘을 다량 함유하고 있어요. 그래서 인체에 필요한 티록신을 만들어 내기 위해서는 아이오딘이 함유된 음식을 섭취해야 합니다.

아이오딘은 해초와 어류 등 바닷속 해산물에 많이 들어 있어요. 미역이나 김 등에 풍부하죠. 아이오딘 섭취량이 부족하면 갑상선 저하증이 나타날 수 있습니다. 반면에 너무 과잉 섭취하면 갑상선 기능 항진 증상이 발생할 수 있기 때문에 몸에 필요한 적당량을 섭취하는 것이 중요해요.

이처럼 세상에는 무수히 많은 물질이 존재하지만, 알고 보면 단 한 장의 주기율표 안에 살고 있는 원소를 기본으로 생성된 화합물이에요. 할로겐 원소뿐만 아니라 금속 원소, 알칼리금속 원소, 비금속 원소가 이루고 있는 다양한 화합물이 우리 삶과 밀접하게 연결되어 있죠. 이것이 바로 알면 알수록 신기한 주기율표의 비밀이랍니다.

혼자서도 당당한 비활성 기체

주기율표에서 비활성 기체 찾기

주기율표의 맨 오른쪽에 있는 18족 원소를 비활성(非活性) 기체라고 부릅니다. 비활성 기체는 노블(Noble)족 기체라는 별명을 가지고 있어요. 고고한 귀족이라니, 별명에서부터 벌써 이 원소의 특징이 느껴지지 않나요? '비활성'이라는 이름 역시 마찬가지입니다. 다른 원소와 쉽게 반응하지 않는 성질을 뜻하죠. 비활성 기체는 상온에서 항상 기체 상태를 유지합니다.

비활성 기체에는 헬륨(H), 네온(Ne), 아르곤(Ar), 크립톤(Kr), 제논(Xe), 라돈(Rn), 오가네손(Og)이 속해 있습니다. 비활성 기체의 원자는 자연적으로 다른 원자와 결합을 형성하지 않고, 같은 비활성 기체끼리도 서로 결합하지 않아요. 단일한 원소로서 안정한 상태를 유지하면서 독립적으로 존재합니다. 즉, 화합물을 형성하지 않습니다. 혼자서도 충분히 안정하기 때문에 다른 원소와 화학 반응을 하지 않는 거예요. 세상 혼자 사는 원소들이라고 할 수 있어요.

비활성 기체가 다른 원소와 반응하지 않는 이유는 옥텟 규칙으로 설명할 수 있습니다. 비활성 기체가 가지고 있는 전자수와 배치에 그 비결이 있죠.

원소의 종류에 따라 원자는 저마다 다양한 수의 전자를 가지고 있어요. 가장 바깥 전자껍질에 전자가 모두 채워지거나 8개의 전자를 가질 때 원자는 안정해집니다. 그런데 가장 바깥 전자껍질에 전자가 2개인 헬륨을 제외한 모든 비활성 기체의 최외각 전자수는 8개예요. 옥텟 규칙에 따라 전자가 모자라거나 남지 않는 상태에 있죠. 이미 스스로 안정한 상태를 가지고 있으니 다른 원소처럼 전자를 서로 주고받거나 공유하면서 결합을 형성할 필요가 없는 거예요.

비활성 기체는 대기에서 아주 작은 비율을 차지합니다. 그런데 비활성 기체를 얻으려면 대기 중에서 추출하거나 천연가스로부터 분리해야 하기 때문에 값이 매우 비싸요. 그래서 비활성 기체 중 비교적 가격이 저렴한 아르곤이 다양하게 쓰이고 있습니다. 18족 3주기 원소인 아르곤은 다른 물질과 반응하지 않는 특성을 살려

다른 원소와 전자를 주고받지 않아도 안정한 비활성 기체

주로 공기에 닿으면 변하는 물질들을 보호하는 충전재(充塡材)로 사용돼요.

또다른 비활성 기체인 네온은 아마 여러분에게도 제법 친숙할 거예요. 밤거리를 환하게 밝혀 주는 '네온사인(Neon Sign)'이라는 말을 들어 봤죠? 네온은 주기율표에서 아르곤의 바로 위에 자리 잡고 있어요. 반응성이 거의 없지만, 유리 전등 속에 네온 기체를 채우고 전류를 흐르게 하면 아름다운 붉은빛을 냅니다. 그래서 어두운 밤 도시를 아름다운 색으로 물들이는 조명으로 많이 쓰여요.

5주기 원소인 제논(Xe)은 아주 희귀한 원소예요. 공기를 구성하고 있는 원자가 1000만 개라면 그중 단 하나만이 제논 원자일 정도랍니다. 제논 가스는 마셔도 아무런 해가 없기 때문에 병원에서 수술 시 의료용 마취제로 쓸 수 있어요.

비활성 기체는 주기율표에서 아래로 내려갈수록 원소의 밀도가 높아집니다. 라돈은 헬륨보다 무려 54배나 밀도가 높고, 공기보다 약 7배 정도 무거워요. 이러한 성질 때문에 환기가 잘 안되는 공간에 농축되기 쉽습니다. 또 라돈은 기체 상태로 존재하는 방사성 원소예요. 라돈 기체를 마시면 폐암 같은 병에 걸릴 수 있어요. 사용할 때는 자주 환기를 하거나 라돈의 농도를 잘 관리할 수 있도록 주의를 기울여야 합니다. 라돈을 사용하는 곳에서는 라돈의 농도를 모니터링할 수 있는 라돈 측정기를 설치해서 꾸준히 관찰하는 것이 필요해요.

꼭꼭 숨어 있던 비활성 기체의 발견

비활성 기체에는 '고독한 기체'라는 별명도 있어요. 다른 원소와 반응하지 않고 홀로 외롭게 존재하는 화학적 성질을 반영한 거죠.

비활성 기체는 주기율표에 있는 원소 중에서 가장 늦게 발견되었습니다. 특별한 냄새나 맛, 색깔 등 우리가 알아차릴 수 있을 만한 특징적인 성질이 없거든요. 비활성 기체는 특유의 색을 가진 할로겐 기체와 달리 무색이고, 대기 중에서 무척 낮은 비율로 존재할 뿐만 아니라 비활성 성질을 가졌기 때문에 발견해 내기 무척 어려웠죠. 그 존재를 알아내기까지 오랜 시간이 걸릴 수밖에 없었답니다.

공기의 구성 성분을 보면, 아르곤 같은 비활성 기체는 아주 극소량에 해당하는 비율로 존재합니다. 어느 정도로 적은 양인지 궁금하다고요? 네온은 지구 대기의 약 0.00182퍼센트, 크립톤은 약 0.0001퍼센트만을 차지합니다. 제논은 심지어 약 0.00001퍼센트

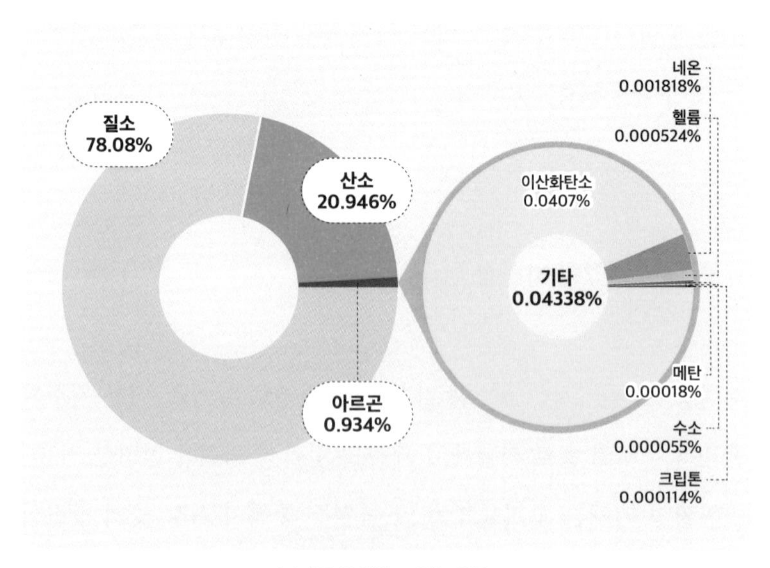

공기를 구성하고 있는 원소

로 아주 희박해요. 그나마 가장 많은 비율로 존재하는 건 아르곤(약 0.934%)입니다. 공기의 대부분을 차지하고 있는 질소(약 78%)와 산소(약 21%) 다음으로 많아요.

이런 비활성 기체 원소를 모두 발견한 사람이 있어요. 바로 영국의 화학자 윌리엄 램지(William Ramsay)입니다. 램지는 1894년 아르곤(Ar)을 발견한 데 이어 헬륨(He), 네온(Ne), 크립톤(Kr), 제논(Xe)을 발견했어요. 1910년 라돈(Rn)까지 발견하면서 그는 비활성 기체를 전부 찾아냈습니다. 주기율표에서 하나의 세로줄에 있는 원소 전체를 발견한 거예요.

주기율표에서 찾을 수 없는 원소도 있을까?

주기율표에는 원자 번호 118번까지의 원소가 나열되어 있습니다. 118번 다음 원소는 아직 발견되지 않았죠. 그렇다고 해서 그다음 원소가 세상에 존재하지 않는다고 할 수는 없습니다. 왜냐하면 자연 상태에서 발견된 원소는 원자 번호 92번 우라늄까지거든요.

그렇다면 우라늄 다음 번호의 원소들은 어떻게 주기율표에 등장할 수 있었을까요?

원자 번호 93번 넵투늄(Np)은 1940년 미국 버클리대학에 설치되어 있던 '사이클로트론(Cyclotron)'이라는 기계 안에서 처음 확인되었어요. 사이클로트론은 고주파의 전극과 자기장을 사용하여 입자를 나선 모양으로 가속시키는 입자 가속기의 일종이에요. 오늘날에는 물리학 연구뿐만 아니라 방사선 치료 등에도 쓰이죠. 비록 기계 안에서 처음 발견되었지만 넵투늄은 천연 우라늄 광석 안에도 극히 적은 양이 들어 있다는 사실이 이후 확인되었죠.

그런데 원자 번호 94번 플루토늄(Pu)부터는 자연 상태에서 거의 존재하지 않습니다. 시간이 지나면 원소가 붕괴하면서 다른 원소로 바뀌기 때문이에요.

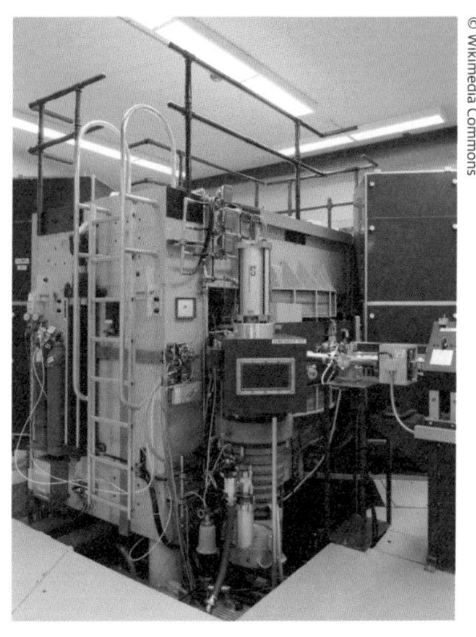
© Wikimedia Commons

오늘날 치료 목적으로 사용되는 사이클로트론

원자 번호 93번인 넵투늄부터 118번 오가네손까지는 모두 방사능을 가지고 있고, 인공적으로 만들어졌어요. 실험실에서 인공적으로 합성되었죠. 이들은 '초우라늄 원소'라고 불립니다. 초우라늄 원소는 얻을 수 있는 양이 매우 적어요. 그렇다면 이 원소들은 우리 주변에서 어떻게 사용되고 있을까요?

플루토늄(Pu)은 오늘날 대부분 핵연료로 사용되고 있어요. 원자 번호 95번 아메리슘(Am)은 우라늄이나 플루토늄 원자가 중성자와 충돌하는 핵반응을 통해 원자로 내부에서 인공적으로 만들어집니다. 가정에서는 연기 감지기 부품으로 사용되고 있죠. 초우라늄 원소는 자연 상태에서 빠르게 붕괴해 버리는 성질 때문에 그

외에는 대부분 연구 목적으로만 사용되고 있어요.

그렇다면 과연 원자 번호 몇 번까지 인공적으로 만들어 낼 수 있을지 궁금하지 않나요? 원자 번호 118번 이후로 계속해서 무한정 만들 수도 있을까요?

과학자들의 공통 의견은 원자 번호 137번 운트리셉튬(Uts)까지입니다. 인공적으로 만들 수 있는 원자의 한계를 137번으로 예측하고 있죠. 미국의 물리학자 리처드 파인먼(Richard Feynman)은 연구 끝에 중성 원자로 존재할 수 있는 원자 번호의 마지막 번호가 137번이라고 확신했어요. 이후 과학자들은 파인먼을 기리기 위해 운트리셉튬의 이름을 파인마늄(Fy)이라고도 부르기로 미리 정해 두었습니다. 파인마늄이 발견되었다는 소식을 우리는 언제쯤 듣게 될까요?

파인마늄 외에도 아직 발견되진 않았지만 이미 이름이 지어진 원소가 있습니다. 곧 발견될 가능성이 있다고 예상되는 이 원소는 바로 원자 번호 119번 우누넨늄(Uue)입니다. 우누넨늄이 발견되어 주기율표에 등장하기를 기다리면서 과학자들은 활발히 연구를 진행하고 있어요.

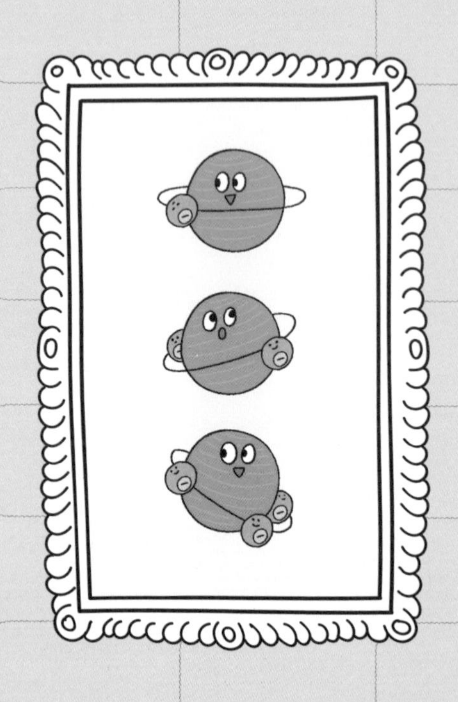

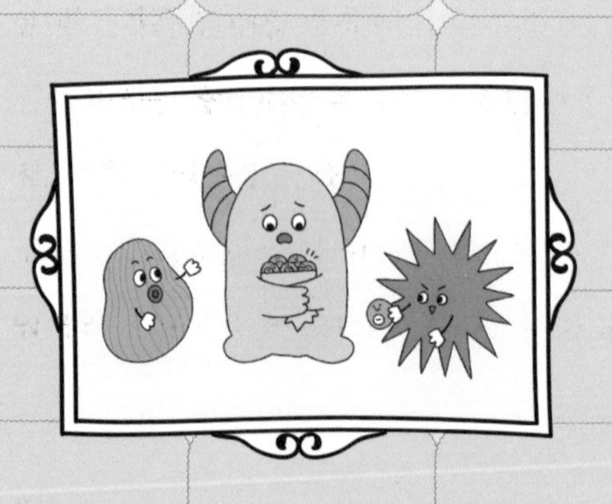

4장

원소야 원소야, 뭐 하니?

#원소의 다이어트 #방사성 원소 #유물의 나이 측정법
#반감기 #원소의 색깔 #원소가 띄우는 로켓

원소도 다이어트를 한다고?

원소의 다이어트는 위험하다!

사람들은 건강한 몸을 유지하기 위해 체중을 조절하기도 합니다. 흔히 다이어트라고 부르죠. 여러분은 다이어트를 해 본 적 있나요? 요즘은 여러 가지 이유로 한 번쯤은 다이어트를 하는 것 같아요. 그런데 원소도 다이어트를 한다면 믿을 수 있나요?

주기율표는 아래쪽으로 갈수록 원자 번호가 큰 원소가 위치해 있죠? 원자 번호는 원자핵이 가지고 있는 양성자 수라는 것을 이제 설명하지 않아도 잘 알고 있을 거예요. 즉, 주기율표의 아래쪽으로 갈수록 양성자 수가 많아지고, 당연히 부피도 무게도 크고 무거워집니다. 원자 번호가 커질수록 원자핵의 크기도 커지는 거

방사성 물질이나 이온화 방사선에 대한 국제 표준화 기호

예요. 그런데 원자핵이 크고 무거워지면 원소는 불안정해집니다. 다이어트를 해서 안정해지고 싶어 해요. 이때 '방사성 물질(방사선)'이 방출됩니다.

방사능에 대해서는 여러분도 많이 들어 봤을 거예요. 방사능은 전자기파나 입자의 형태로 에너지를 방출하는 물질의 성질입니다. 주기율표를 깊이 이해하려면 방사능에 대해 알아야 해요.

방사능이 무엇인지 살펴보려면 먼저 원자핵을 정확히 이해할 필요가 있답니다. 모두 양(+)전하를 띠고 있는 양성자가 원자핵에 똘똘 뭉쳐 있을 수 있는 이유는 중성자 덕분이라는 것을 기억하나요? 양성자가 가지고 있는 전기적 반발력보다 양성자와 중성자 사이에 더 큰 핵력이 작용하기 때문이었죠.

원자핵 속에 있는 양성자와 중성자의 질량은 거의 동일합니다. 그렇다면 중성자 수와 양성자 수가 똑같을까요?

정답은 '같지 않다'입니다. 중성자는 전기를 띠고 있지 않기 때문에 양성자와 전자처럼 그 수가 반드시 같아야 할 필요가 없습니다. 중성자는 아무리 많이 늘어나도 전기적으로 중성이거든요.

예를 들어, 원자 번호 1번인 수소를 살펴볼까요? 수소 원자의 원자핵에는 양성자만 하나 있고 중성자는 없습니다. 반면에 원자 번호 2번인 헬륨의 원자핵 속에는 양성자 2개와 중성자 2개가 존재하죠. 이처럼 양성자의 수와 중성자의 수는 같을 수도, 다를 수도 있어요. 특히 주기율표에서 아래쪽에 위치하는 원자 번호가 아주 큰 원자들은 양성자보다 중성자를 더 많이 가지고 있습니다. 양성자 수가 같은 원소라도 중성자 수가 더 많으면 원자핵이 그만큼 더 크고 무거워요. 그래서 원소들은 다이어트를 하죠.

무거운 원자핵은 스스로 붕괴(崩壞)하면서 가벼워지려고 해요. 쉽게 말해, 원자핵이 무겁고 커서 불안정한 상태에 있는 원소는 안정한 상태가 되기 위해 자신이 갖고 있던 에너지 일부를 방출하면서 스스로 분열하는 거죠. 사람도 살이 찌거나 몸무게가 과도하게 많이 늘어나면 이전에 비해 불편함을 느끼기도 하잖아요. 이때 다이어트를 하면서 운동을 열심히 해서 땀과 열로 에너지를 소모함으로써 불어난 체중을 줄이는 것과 비

다이어트를 통해 안정해지려고 하는 방사성 원소

슷합니다. 원자핵이 무거운 원소가 스스로 에너지를 방출하고 붕괴하는 과정을 거쳐서 안정한 상태로 돌아가는 거예요.

이 과정에서 원자는 방사선을 방출하고, 이러한 방사능을 지닌 원소를 '방사성 원소'라고 합니다. 방사성 원소에는 우라늄(U), 악티늄(Ac), 토륨(Th), 넵투늄(Np) 등이 있어요.

방사성 원소는 아주 조심히 다루어야 합니다. 방사성 원소에 오염되면 굉장히 위험하기 때문이에요. 사람이나 동식물 같은 생명체는 물론 공기나 흙 등의 주변 환경에도 영향을 미칩니다. 만약 인체의 세포가 방사선에 노출되면 세포가 사멸하거나 DNA(염색체)의 구조에 변형이 생길 수 있어요. 이로 인해 돌연변이를 일으켜 암 같은 세포 이상 질환이나 유전병 등을 유발할 수 있습니다. 그래서 원자력발전소 사고가 발생하면 엄청난 피해를 입죠.

폭발 직후의 체르노빌 원자력발전소

대표적으로 많이 알려진 것이 1986년 체르노빌 원자력발전소와 2011년 후쿠시마 원자력발전소 사고입니다. 수많은 사람이 방사능에 피폭되어 건강상의 문제를 겪었고, 발전소 인근 지역 주민 수만 명이 자신이 살던 땅을 떠나 다른 곳으로 이주해야 했으며, 체르노빌의 경우 사고가 발생한 지 30년이 지난 지금까지도 많은 사람들이 방사능 후유증에 시달리고 있죠. 뿐만 아니라 일부 방사성 원소는 대기권으로 방출되어 떠돌다가 지상으로 떨어지면서 땅과 생태계를 오염시켰어요.

방사선을 내뿜는 무시무시한 원소의 발견

이렇게 위험한 방사선은 생각보다 생활 속에서 다양하게 활용됩니다. 우리 주변에서 가장 흔히 접할 수 있는 방사선이 있다면 무엇일까요? 아마도 병원에서 흔히 '엑스레이(X-ray)'라고 부르는 검사가 아닐까 생각해요.

우리가 알고 있는 엑스레이는 1895년 독일의 과학자 빌헬름 뢴트겐(Wilhelm Roentgen)이 발견한 '엑스선'을 이용한 거예요. 뢴트겐은 음극선을 연구하며 진공관 실험을 하던 중 원소에서 무엇인가 빛을 방출하는 현상을 관찰했습니다. 백금시안화바륨[$BaPt(CN)_4$]을 칠한 마분지 조각에 눈에 보이지 않는 빛이 형광(螢光) 작용을 한다는 사실을 알게 되었죠. 뢴트겐은 이 빛을 '알 수 없는 선'이라는 뜻에서 엑스선이라고 불렀어요.

그는 자신의 관찰 결과를 정확하게 확인하기 위해서 엑스선으로 부인의 손을 직접 촬영했어요. 그 결과, 살아 있는 사람의 뼈를 엑스선을 통해서 처음으로 볼 수 있었습니다. 이는 당시로서는 상상도 할 수 없는 일이었어요. 굉장히 놀라웠죠. 그가 발견한 엑스선 덕분에 오늘날 뼈가 부러지거나 크게 다쳤을 때 엑스레이 검사를 통해 다친 부위와 정도를 정확하게 알 수 있고, 그에 맞는 치료도 할 수 있는 거랍니다.

그렇다면 방사선을 맨 처음 발견한 사람은 누구일까요? 프랑스의 물리학자 앙투안 베크렐(Antoine Becquerel)입니다. 1896년 베크렐은 우연히 서랍 속에 우라늄 광석과 함께 넣어 둔 사진의 감광판이 뿌옇게 흐려진 것을 발견했어요. 그리고 우라늄 광석이 스스로 광선을 방출한다는 사실을 알게 되었습니다. 그는 이 사실을 몇 번이고 계속 실험하면서 관찰했고, 우라늄 광석이 스스로 빛을 내는 물질임을 알아냈어요. 베크렐은

방사선을 처음 발견한 앙투안 베크렐

우라늄이 방출하는 빛을 '우라늄선'이라고 불렀는데, 이후 폴란드 출신의 프랑스 화학자 마리 퀴리(Marie Curie)가 우라늄선을 '방사선'이라고 명명하면서 우리에게 익숙한 이름으로 알려졌습니다.

마리 퀴리는 우리가 퀴리 부인으로 잘 알고 있는 과학자예요. 베크렐의 제자였던 그녀는 남편인 피에르 퀴리(Pierre Curie)와 함께 우라늄을 연구했습니다. 우라늄이 일정한 에너지를 유지하며 방사선을 방출한다는 사실을 알아낸 퀴리 부인은 그 원인을 밝히기 위해 연구에 몰두했습니다.

우라늄은 피치블렌드 광석으로부터 얻을 수 있는데, 퀴리 부인은 피치블렌드 속에 우라늄 외에도 다른 물질이 포함되어 있다는 사실을 발견했어요. 무수히 많은 실험을 거쳐 마침내 피치블렌드에 포함된 새로운 원소를 찾아냈죠. 그리고 자신의 조국인 폴란드의 이름을 따서 폴로늄(Po)이라는 이름을 붙였습니다. 우라늄의 뒤를 이어 새로운 방사능 물질을 찾아낸 거예요.

© Wikimedia Commons

다양한 방사성 원소를 찾아낸 마리 퀴리

여기서 끝이 아닙니다. 퀴리 부

인은 폴로늄을 발견한 뒤에도 연구를 거듭해 나갔어요. 피치블렌드 속에서 방사선을 방출하는 물질은 우라늄이나 폴로늄이 전부가 아니라는 사실을 알았기 때문입니다. 그 결과 라듐(Ra)이라는 새로운 방사성 물질을 찾을 수 있었죠.

원자력발전과 원자 핵폭탄은 무엇이 다를까?

여러분은 '방사능' 하면 어떤 장면이 제일 먼저 생각나요? 전쟁에서 상대편에 커다란 피해를 입히는 핵폭탄이나 우리 몸에 노출되면 큰일이 나는 무서운 방사능을 떠올리나요? 아니면 원자력발전같이 우리 생활에 꼭 필요한 전기를 만들어 주는 고마운 물질을 생각하나요?

베크렐이 우라늄으로부터 방사선이 방출된다는 사실을 발견한 뒤 방사선과 관련된 연구가 이어졌어요. 그 결과 방사선은 종이나 옷은 통과하지만 금속은 통과할 수 없다는 것을 알았습니다. 뿐만 아니라 방사선을 방출하는 원소가 스스로 에너지를 방출한다는 사실과 원자가 스스로 붕괴하면서 분열할 때 에너지가 방출된다는 사실을 밝혀냈어요. 원자를 쪼개는 반응이 연쇄적으로 이어질 경우 막대한 양의 에너지가 방출된다는 것도 알게 되었죠. 이것이

방사능을 이용한 원자 폭탄과 원자력발전

바로 원자 폭탄의 원리예요. 원자핵이 분열하면서 엄청난 양의 에너지를 방출하는 거랍니다.

물질이 불에 타면서 재 같은 다른 물질로 변할 때, 빛과 열을 냅니다. 이 빛과 열은 에너지라고 할 수 있어요. 마찬가지로 원자핵에 중성자 같은 입자를 충돌시켜 원자핵이 붕괴되면서 새로운 원자가 만들어질 때 엄청난 양의 에너지를 내뿜어요.

1905년 알베르트 아인슈타인(Albert Einstein)은 원자가 붕괴하여 다른 원자로 변하면 질량의 변화가 발생하며, 변화한 질량만큼 에너지가 방출된다는 연구 결과를 발표했습니다. 이후 이탈리

아의 물리학자 엔리코 페르미(Enrico Fermi)는 원자핵이 붕괴될 때 핵에 있던 중성자가 함께 방출되기 때문에 중성자 입자를 계속해서 충돌시켜 주지 않더라도 핵분열은 연속해서 일어날 수 있음을 알아냈어요. 원자핵이 연쇄 반응으로 붕괴되면서 새로운 원자가 만들어지고, 이로 인한 질량 변화만큼의 엄청난 에너지가 방출된다는 사실을 알게 된 거예요.

이를 원자핵의 연쇄 반응 원리라고 합니다. 원자핵의 연쇄 반응을 적절하게 조절하여 사용하는 것이 원자력발전이에요. 방사능을 가진 원자핵이 분열하면서 발생하는 에너지를 이용해서 전기를 생산하는 거죠. 원자로 속에서 연쇄 반응이 급격하게 일어나지 않도록 제어하면서요.

반면에 원자 폭탄은 연쇄 반응의 속도를 제어하지 않고 순식간에 엄청난 양의 에너지 방출을 유도해요. 방사능 물질의 원자핵이 급격하게 연쇄 반응을 일으키도록 만들어 순간적으로 엄청난 에너지가 방출되도록 하는 거죠. 이 점이 원자력발전과 원자 폭탄의 차이점이랍니다.

원소에게 나이를 물어봐!

양성자 수는 같고, 중성자 수는 다르다?

오늘 아침으로 무엇을 먹었나요? 밥, 빵, 시리얼 등 우리가 주로 섭취하는 음식은 탄수화물로 이루어져 있습니다. 탄수화물은 탄소 화합물의 한 종류예요. 우리는 탄소로 이루어진 음식을 섭취해서 신체를 구성하고, 호흡을 통해 몸속에 쌓인 이산화탄소를 내보내고 있죠. 마찬가지로 모든 동식물은 호흡이나 광합성을 함으로써 탄소를 흡수하고 또 내보내면서 탄소를 필요한 만큼 주고받습니다.

그런데 우리가 사용하는 탄소 화합물 중 극히 일부는 탄소 동위원소를 포함하고 있어요. 동위원소가 무엇인지 혹시 기억하나요?

양성자 수는 같지만 중성자 수가 달라서 원자량이 다른 원소를 말합니다. 동위원소는 불안정한 상태에 있다가 방사선을 내뿜으면서 안정한 원소로 변하는 '방사성 동위원소'와 그렇지 않은 '안정한 동위원소'가 있어요. 방사성 동위원소가 방사선을 방출하면서 다른 원자로 바뀌는 것을 '방사성 붕괴'라고 합니다.

탄소 동위원소에도 안정한 동위원소와 불안정한 방사성 동위원소가 있는데요. 탄소 동위원소 중 하나인 '탄소-12'는 양성자 6개, 중성자 6개로 이루어진 안정한 상태의 원소입니다. 그런데 다른 탄소 동위원소인 '탄소-14'는 중성자가 8개, 양성자가 6개입니다. 양성자 수보다 중성자 수가 2개 더 많은 불안정한 원소죠. 그래서 탄소-14 원소는 방사선 방출을 통해 안정한 상태의 원소가 되고 싶어 합니다.

중성자 → 양성자 + 전자(베타방사선) + 뉴트리노

어떻게 해야 불안정한 상태의 원소가 안정해질 수 있을까요? 과도한 중성자를 양성자로 만들어서 안정해질 수 있습니다. 이 과정을 '베타 붕괴'라고 해요. 베타 붕괴는 원자핵 속의 중성자가 양성자로 변하면서 전자가 튀어나오는 현상입니다. 중성자는 베타 붕괴 과정을 통해 전자(베타방사선)와 뉴트리노(Neutrino)라는 물질을 방출하면서 양성자로 변해요. 이때 방사선과 함께 방출되는 뉴트리노는 질량이 0에 가까운 입자로, 전기적 성질도 띠지 않기 때문에 다른 물질과 반응하지 않습니다.

방사성 동위원소로 알아보는 유물의 나이

방사성 동위원소의 성질을 잘 활용하면 역사 속에서 풀지 못한 비밀을 풀 수 있어요. 방사성 동위원소가 방사선을 스스로 방출하면서 붕괴하는 성질을 이용해서 아주 오래된 고서(古書)나 유물의 나이를 알아낼 수 있답니다.

제작 연도를 알 수 없는 고대 유물이나 유적의 나이를 도대체 어떻게 측정할 수 있을까요? 앞서 동식물이 호흡이나 광합성을 통해 대기 중에 존재하는 탄소를 스스로 주고받는다는 이야기를 했는데요. 바로 이 점을 이용하면 됩니다.

살아 있는 동식물이 대기와 탄소를 주고받을 때 탄소 동위원소인 탄소-14의 비율 역시 일정하게 유지됩니다. 하지만 죽고 나면 대기와 탄소를 주고받는 생명 활동이 정지되고, 땅에 묻히거나 지진, 홍수, 태풍 등에 의해 외부와 단절된 곳에서 오랫동안 격리되죠. 공룡 화석 또는 지진이나 홍수로 인해 수몰된 고대 유적지를

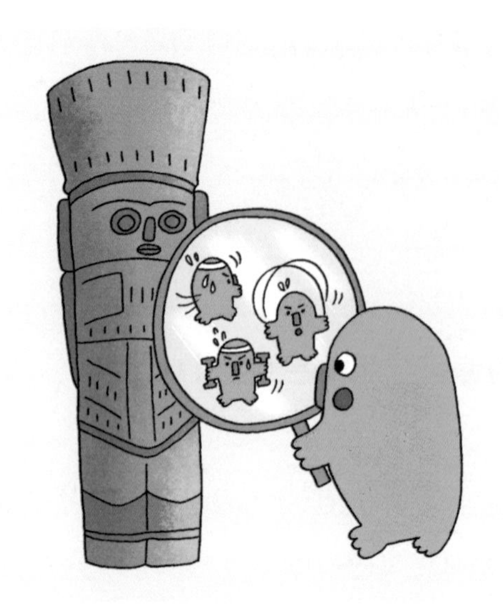

방사성 동위원소를 통해 알 수 있는 유물 제작 연도

떠올려 보면 이해하기 쉬울 거예요.

외부와 격리된 상태에서는 상대적으로 불안정한 상태에 있는 탄소-14 원소가 방사성 붕괴 과정을 거치면서 일정하게 감소합니다. 이러한 현상을 이용해서 발굴된 유물에 포함된 탄소 원소 중 탄소-14의 비율을 조사하는 거예요. 그리고 살아 있는 동식물에 존재하는 탄소-14와 비교하여 해당 유물이 만들어진 시기를 알 수 있습니다. 방사성 동위원소가 방사선을 방출하면서 안정해지려고 하는 성질을 통해 오래된 유물의 나이를 알 수 있는 거죠. 이런 방식으로 유물의 연대를 측정하는 대표적인 방법이 방사성 탄소 연대측정법입니다.

그렇다면 방사성 원소의 붕괴 속도는 모두 같을까요? 아주 오래 전에 제작된 유물의 경우 방사성 붕괴 과정을 오랫동안 외부와 격리된 곳에서 거듭했을 가능성이 큽니다. 외부와 단절된 곳에서 굉장히 오랫동안 방사성 붕괴가 일어나면 방사성 동위원소는 모두 안정한 원소로 바뀌죠. 결국 방사성 동위원소가 모두 사라지면 더 이상 방사선을 방출하지 않아요. 이때 어떤 방사성 동위원소는 방사선을 아주 오랜 시간에 걸쳐 서서히 방출하고, 어떤 방사성 동위원소는 매우 짧은 시간 동안 빠르게 방출하여 안정한 원자핵으로 변화합니다. 방사성 동위원소마다 방사성 붕괴 속도가 각기 달라요.

방사성 붕괴가 일어날 때 방사성 물질의 양이 처음의 절반으로 줄어드는 데 걸리는 시간을 '반감기'라고 하는데요. 방사성 원소의 반감기는 항상 일정합니다. 그래서 방사능 물질의 반감기를 알면 얼마나 빠르게 방사성 붕괴가 일어나는지도 알 수 있죠.

지구의 나이도 측정할 수 있을까?

방사성 원소의 발견은 여러 분야에 많은 영향을 주었습니다. 그 중에서도 고고학, 인류학, 지질학의 발전에 큰 역할을 했어요. 방사성 연대측정법은 스스로 에너지를 방출하면서 전혀 다른 원소로 변하고, 반감기가 항상 일정하다는 방사성 원소의 특징을 이용해 유물의 나이를 측정합니다. 예를 들어, 어떤 유물에서 반감기가 100년인 A원소의 양이 처음의 절반만 남아 있다면, 그 유물은 100년 전에 제작되었음을 예측할 수 있는 거예요.

방사성 연대측정법 가운데 가장 널리 이용되는 것은 탄소 연대측정법입니다. 방사성 탄소 연대측정법을 활용하면 역사적 문화 유물의 연대기를 정확하게 측정할 수 있어요. 제2차 세계대전 직후 미국의 화학자 윌러드 리비(Willard Libby)와 시카고대학교 연구팀이 개발했는데, 탄소-14가 질소-14로 변할 때 5700년의 반감기를 갖는 원리를 이용합니다. 탄소-14는 방사선을 방출한 뒤 안정한 질소-14로 변해요. 하지만 이 방법을 이용하려면 측정하고자 하는 유물 속에 탄소가 포함되어 있어야 하고, 그램(g) 단위의 물질이 필요하기 때문에 유물을 훼손시킬 수 있습니다. 500년 이하나 5만 년 이상의 유물은 정확히 측정할 수 없다는 한계점이 있죠.

방사성 연대측정법을 사용하면 지구의 나이도 추정할 수 있어요. 흔히 지구의 나이는 약 45억 살이라고 하죠. 이를 어떻게 알았을까요? 바로 방사성 원소인 우라늄을 사용했습니다. 우라늄은 지구 표면에 있는 모든 광물에 포함되어 있기 때문이에요.

우라늄의 동위원소 중 하나인 우라늄-238의 경우 반감기가 44억

6000만 년입니다. 어마어마하게 길죠? 우라늄-238이 붕괴되고 나면 안정한 물질인 납-206이 됩니다. 만약 측정하려는 대상과 같은 원래 물질에 납(Pb)이 없다면, 측정 대상인 물질 속에 있는 납 원자는 우라늄-238이 붕괴하여 생긴 것으로 볼 수 있죠. 따라서 측정하고자 하는 물질 속에 납-206과 우라늄-238 원자의 수를 측정함으로써 원래 처음 상태의 물질 속에 있었을 것으로 예상되는 우라늄-238의 원자 수를 알 수 있습니다. 그리고 우라늄-238의 반감기를 대입해 보면 이 물질이 얼마나 오래되었는지 알 수 있는 거예요.

그런데 왜 가장 흔히 사용되는 탄소 연대측정법으로는 지구의 나이를 구할 수 없을까요? 탄소 연대측정법은 살아 있는 생명체가 죽는 순간부터 생명체 안의 탄소 방사성 물질이 일정 비율로 줄어든다는 원리를 이용합니다. 생명을 가진 유기물이 아닌 경우에는 해당 연대를 측정할 수 없다는 단점이 있어요. 그래서 탄소 연대측정법을 사용해서 물건의 나이를 알아볼 때는 유물 발견 당시 주변에 있던 유기물의 연대를 대신 측정하여 간접적으로 측정합니다.

하늘을 넘어 우주로 날아갈 시간

밤하늘을 물들이는 화려한 불꽃

깜깜한 밤하늘을 화려하게 수놓는 불꽃놀이를 본 적 있나요? '펑! 펑!' 하는 소리와 함께 하늘에서 무지갯빛으로 빛나는 커다란 불꽃은 넋을 잃고 바라볼 정도로 정말 아름답습니다. 불꽃놀이에서 우리가 다양한 색깔의 불꽃을 볼 수 있는 것은 폭죽 속에 있는 금속 원소들이 저마다 다른 색깔을 내기 때문이에요.

불꽃놀이용 폭죽에는 화약과 함께 금속 분말이 담겨 있는 소형 로켓이 들어 있어요. 폭죽 속에서 화약은 연소하면서 순간적으로 폭발 반응을 일으킵니다. 동시에 소형 로켓을 공중으로 높이 쏘아 올릴 수 있는 추진력이 생기죠. 이때 화약과 함께 들어 있는 금속

분말도 같이 연소하면서 알록달록한 색으로 빛나는 거예요.

금속 원소의 불꽃 반응으로 나타나는 다양한 색

어떤 원소가 어떤 색을 내는지 궁금하지 않나요? 리튬(Li), 소듐(Na), 포타슘(K), 브로민(Br), 구리(Cu), 스트론튬(Sr) 등 어떤 금속 원소를 포함하고 있느냐에 따라 불꽃의 색깔이 다르게 나타납니다. 그래서 불꽃색을 통해 물질 속에 어떤 원소가 들어 있는지도 알 수 있죠. 이처럼 원소의 종류에 따라 불꽃에 넣었을 때 다양한 색이 나타나는 것을 불꽃 반응(Flame Reaction)이라고 합니다.

불꽃 반응의 특징은 간단한 실험으로 알 수 있어요. 실험하고자 하는 물질이 아주 조금만 있어도 불꽃 반응 색을 보면 어떤 금속 원소인지 확인할 수 있죠. 서로 다른 물질이라도 만약 그 속에 들어 있는 금속 원소가 같다면 똑같은 불꽃색이 나타나요. 이러한 특성을 이용해서 어떤 물질 속에 들어 있는 원소의 종류가 무엇인지 쉽게 알아낼 수 있는 거랍니다.

불꽃 반응을 통해서 주기율표 속 모든 원소의 색깔을 전부 확인

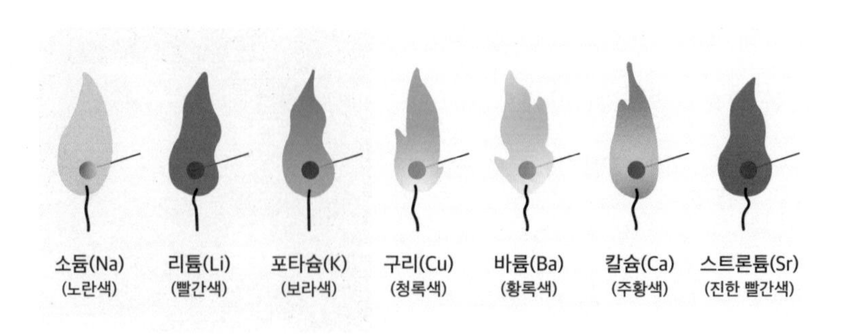

금속 원소의 종류에 따라 달라지는 불꽃 색깔

할 수 있을까요? 아쉽게도 불꽃 반응으로 주기율표 속 모든 원소를 확인할 수는 없습니다. 불꽃 반응에서 볼 수 있는 색깔은 주로 금속 원소에서 나타나는 특징이거든요.

금속 원소마다 불꽃색이 다른 이유는 무엇일까요?

자연계의 모든 물질은 안정해지려는 성질이 있어요. 우리가 하늘 높이 힘껏 던져 올린 공은 금세 바닥으로 떨어집니다. 또 물과 같은 액체는 높은 곳에서 낮은 곳으로 흐르죠. 원소도 마찬가지입니다.

금속 원소를 뜨거운 불꽃 속에 넣으면 열에너지를 흡수한 전자는 이전보다 높은 에너지를 갖습니다. 이처럼 외부로부터 에너지를 흡수해서 높은 에너지 상태가 된 것을 '들뜬다'라고 말해요. '들뜬' 전자는 다시 원래 있었던 낮은 에너지 상태로 돌아가고 싶어 합니다. 원래대로 되돌아가기 위해 전자는 에너지를 방출하죠. 이때 방출된 에너지가 우리 눈으로 볼 수 있는 불꽃 색깔로 나타나는 거예요. 그런데 원소마다 전자가 가진 에너지의 양이 서로 다르기 때문에 불꽃색도 저마다 다르게 나타나는 거랍니다.

만약 물질 속에 여러 가지 금속 원소가 섞여 있는 경우에는 어떻게 될까요? 이 같은 문제를 고민하던 독일의 화학자 로베르트 분젠(Robert Bunsen)은 '분광기'를 개발했어요. 분광기는 빛이나 전자파 등의 입자선을 파장에 따라 분석하여 그 세기와 파장을 검사하는 장치입니다. 분광기를 사용하면 비슷해 보이는 불꽃색을 세밀하게 구분할 수 있어요.

분광기 속에는 프리즘(Prism)이 들어 있기 때문입니다. 빛을 통과시키면 무지개 모양의 띠를 볼 수 있는 삼각 기둥 모양의 도구를 과학시간에 봤죠? 이렇게 무지개 빛깔을 이루는 띠를 스펙트럼(Spectrum)이라고 합니다. 분광기 속에 있는 프리즘으로 불꽃 반응에서 나타나는 스펙트럼을 관찰하면, 각각의 금속 원소가 나타내는 특정한 스펙트럼을 볼 수 있어요. 이를 통해 어떤 금속 원소가 들어 있는지 알 수 있는 거예요.

200톤의 누리호를 띄운 힘

다른 나라로 여행을 떠날 때 우리는 비행기를 타고 이동합니다.

항공기의 비행 속도는 보통 시속 700~900킬로미터 정도예요. 고속열차인 KTX(Korea Train Express) 속도의 약 3배죠. 얼마나 빠른지 느껴지나요? 만약 비행기가 시속 800킬로미터로 날아간다면, 초속 200미터가 넘는 엄청나게 빠른 속도예요. 1초에 200미터 이상을 이동할 수 있다는 뜻이니까요. 굉장하죠?

더 멀리까지 나아간다고 생각해 볼까요? 지구를 떠나 우주로 나아가기 위해서는 우주선을 타야 하는데요. 우주선이 지구를 벗어나려면 아주 큰 힘이 필요해요. 지구가 끌어당기는 중력(重力)을 뿌리치고 날아가야 하니까요. 지구에서 쏘아 올린 인공위성이 날

지구가 끌어당기는 힘을 뿌리치고 날아가는 로켓

아갈 때, 초기 속도는 최소 초속 7.9킬로미터입니다. 이렇게 빨리 날아갈 수 있는 것은 로켓밖에 없어요.

최근 2차 발사에 성공한 누리호는 무척 거대해요. 높이는 15층 아파트와 맞먹는 47미터이고, 무게는 200톤에 달하죠. 이렇게 무겁고 거대한 로켓을 시속 7.5킬로미터의 빠른 속도로 하늘을 향해 쏘아 올리려면 어떻게 해야 할까요?

풍선을 불다가 놓쳐 버렸을 때를 떠올려 보세요. 여러분의 입과 손을 떠난 풍선은 빠른 속도로 공중으로 날아갑니다. 이때 풍선이 날아가도록 만든 힘은 로켓의 추진 원리와 같습니다. 무엇이 풍선을 날아가게 만들었을까요? 그 힘은 도대체 어디에서 왔을까요?

바로 풍선을 불 때 풍선 속에 밀어 넣어 준 공기입니다. 풍선 안에 가득 차올랐던 공기가 순간적으로 분출하듯 밖으로 밀려 나왔기 때문이에요. 한꺼번에 밀려 나온 공기의 힘에 의해 풍선이 앞으로 혹은 위로 솟아오르게 되는 거죠. 이렇게 풍선 안쪽에 있던 공기가 입구를 통해 분출되면서 만드는 반동에 의한 힘을 추력(推力)이라고 합니다.

로켓도 마찬가지예요. 로켓이 솟아오를 때 뿜어내는 가스의 추력이 로켓을 하늘로 힘차게 밀어냅니다. 거의 모든 로켓은 이 원리를 이용해요. 로켓이 연료를 태울 때 생성되는 가스를 분출시키면서 생긴 반동의 힘으로 하늘로 날아오르는 거예요.

발사에 성공한 로켓은 인공위성의 궤도를 따라 비행하는데요. 지구의 대기권 밖은 진공 상태에 가까워요. 공기가 거의 없다는 뜻이죠. 진공 상태에서는 로켓의 추진력을 만드는 데 필요한 산소가 없습니다. 그래서 로켓 속에 연료와 함께 반드시 산소(산화제)도 함께 싣고 가야만 해요. 그래야 연료를 태울 수 있죠.

누리호는 과연 어떤 원소들로 이루어진 연료와 산화제를 싣고 갔을까요?

원소는 로켓을 타고 간다

로켓은 공기가 거의 없는 진공 상태를 날아가야 하기 때문에 연료와 함께 연료를 태워 주는 역할을 하는 산화제가 필요해요. 이 두 가지를 합쳐서 추진제(推進劑)라고 부릅니다. 로켓을 쏘아 올릴 때 추진제가 결정적인 역할을 해요.

2차 발사에 성공한 누리호에 실린 추진제는 무려 182.5톤(연료 56.5톤, 산화제 126톤)이었어요. 연료와 산화제를 제외하고 나면 기체의 무게는 약 17.5톤에 불과하죠. 그만큼 로켓을 발사하는 데 있어 추진제의 역할은 무척이나 중요합니다.

로켓은 내장된 연료와 산화제를 태워서 가스를 발생시킨 다음 로켓 뒤로 분출시키면서 하늘로 올라갑니다. 그 과정을 단계별로 조금 더 자세히 살펴볼까요? 먼저, 로켓 엔진에서 추진제를 태우면 연료로부터 가스가 생겨요. 이때 다량의 열도 함께 발생하는데요. 높은 온도로 급격히 팽창한 가스가 뒤쪽으로 연결된 노즐을 통해 엄청난 속도로 분출됩니다. 추진제가 가지고 있는 화학 에너지가 연소되면서 열에너지로 변하고, 그 열에너지가 노즐을 통해 운동 에너지로 변하는 거예요.

© 한국항공우주원

추진제를 태운 가스를 분출시키며 발사된 누리호

로켓은 연료의 종류에 따라서 고체 연료 로켓, 액체 연료 로켓으로 나뉩니다. 나로호는 액체 연료를 싣고 갔어요. 왜 그랬을까요? 고체 연료와 액체 연료의 차이는 무엇일까요?

고체 연료 로켓은 구조가 간단하기는 하지만 연료 무게에 비해서 효능이 떨어진다는 단점이 있어요. 반면에 액체 연료 로켓은 상대적으로 구조가 복잡하고 상당히 높은 기술을 필요로 하지만, 로켓 추진제의 무게에 비해서 에너지 발생 효율이 매우 높다는 장점이 있습니다. 추진제를 탱크에서 연소실로 보낼 때 파이프와 연결된 수도꼭지 같은 것을 사용해서 연소가 진행되는 과정을 쉽게 조절할 수 있다는 장점도 있죠.

나로호는 케로신(Kerosene)을 연료로 사용하고, 액체 산소를 산화제로 사용했어요. 케로신은 원유(原油)를 분별 증류할 때 얻어지는 석유 중 하나로, 흔히 등유(燈油)라고도 불러요. 휘발유와 경유와 마찬가지로 케로신 역시 원유를 분별 증류할 때 끓는점 차이를 이용해 분리해서 얻을 수 있습니다.

그런데 케로신을 로켓 엔진의 연료로 사용할 때는 주의점이 있어요. 케로신의 순도가 매우 높아야 한다는 점입니다. 케로신을 정제하기 전에는 황이나 불포화탄화수소 같은 성분이 포함되어 있을 가능성이 있어요. 황은 높은 온도에서 연소시킬 때 로켓 엔진을 망가트릴 수 있고, 불포화탄화수소는 연료의 성능을 변질시킬 수 있습니다. 그래서 로켓 엔진의 연료로 사용할 때는 고순도의 케로신을 사용해야 해요.

케로신은 가성비가 좋다는 것이 최대 장점이에요. 케로신의 성능은 다른 연료에 비해서 엄청나게 뛰어나지는 않지만, 값이 싸고 대량으로 입수할 수 있죠. 뿐만 아니라 저장성 측면에서도 강점이 있고, 취급성 측면에서도 편리합니다.

요즘 개발된 대형 로켓에서는 주로 액체 산소를 산화제로 사용해요. 누리호도 액체 산소를 산화제로 사용했죠. 앞서 이야기했던 액체 질소와 마찬가지로 액체 산소는 산소 기체를 액화시킨 물질입니다. 끓는점이 영하 183도인 산소를 액화시키면 아주 차갑죠.

로켓 발사에 사용되는 산화제로는 액체 산소가 가장 많이 사용되지만, 플루오린(F_2), 질산(HNO_3), 과산화수소(H_2O_2) 등도 사용할 수 있어요. 눈을 크게 뜨고 이들을 자세히 살펴보세요. 공통점이 보이지 않나요? 바로 산소예요. 할로겐 원소인 플루오린을 제외한 나머지 액체 산화제는 모두 산소를 포함하고 있습니다.

플루오린은 로켓 엔진의 산화제로 사용할 경우 로켓 발사체의 힘을 높일 수 있지만, 부식성이 매우 강하고 연소실의 온도를 매우 높일 수 있어 다루기가 쉽지 않습니다. 나머지 액체 산화제의 경우에도 연소할 때 환경과 인간에게 해로운 물질을 방출할 수 있어 특별한 경우에만 사용돼요. 로켓에 사용하는 산화제로 액체 산소를 가장 많이 사용하는 이유는 환경의 유해성이 낮고, 다른 액체 산화제에 비해 취급하기가 비교적 편리하기 때문입니다.

산소를 액체 상태로 유지하기 위해서는 저장실의 온도를 산소의 끓는점보다 낮은 영하 183도 이하로 유지해 줘야 합니다. 그래서 액체 산소는 발사 직전에 로켓에 충전해요. 액체 산소를 충전할 때 발사체에서 흰 연기가 피어오르는 것을 볼 수 있는데요. 이는 액체 산소가 기화되어 빠져나가는 현상입니다. 즉, 액체 산소를 충전하는 동안에도 산소는 쉽게 공기중으로 날아가 버려요. 이를 방지하기 위해서는 액체 산소를 싣고 있는 탱크 안의 온도를 충분히 낮추고 유지해야 합니다.

산소 탱크 안에는 액체 헬륨이 저장되어 있는 소규모 용기를 담고 있는데요. 액체 헬륨은 액체 산소의 온도를 충분히 낮춰 주는 역할을 합니다. 액체 헬륨은 얼마나 차갑기에 액체 산소의 온도를 낮출 수 있을까요? 액체 헬륨의 온도는 영하 269도입니다. 액체 산소보다도 훨씬 차갑죠.

게다가 액체 산소는 아주 미세한 반응에 의해서도 폭발할 위험이 있어요. 그래서 다른 원소와 쉽게 반응하지 않는 비활성 기체인 액체 헬륨의 역할이 꼭 필요합니다.

여러 원소가 힘을 합쳐 띄우는 로켓

뿐만 아니라 액체 헬륨은 추진제가 소모되고 난 뒤 탱크 내부의 압력이 감소한 부분을 채워 주는 역할도 해요. 연료와 산화제를 엔진에 적절하게 공급하기 위해서는 일정한 압력을 유지할 필요가 있어요. 이때 헬륨이 탱크 내부 압력을 일정하게 유지시켜 주는 셈이죠.

누리호는 2021년 10월 21일에 1차 발사되었습니다. 이때 위성 모사체를 정해진 궤도에 올려놓지 못했던 이유가 바로 헬륨 탱크에 문제가 있었기 때문이에요. 산화제 탱크에 있던 헬륨 탱크가 고정 장치로부터 떨어져 나오면서 산화제를 싣고 있는 탱크에 균열이 생겼고, 산화제가 새는 현상이 발생해서 발사가 조기 종료되었다고 밝혀졌죠. 이처럼 우주 발사체가 성공적으로 발사되어 우주까지 도달하기 위해서는 수많은 종류의 부품들과 연료들이 정확하게 맞물려 작동해야만 가능합니다.

주기율표로 세상 바라보기

오늘날 우리가 편리하고 풍요로운 생활을 누릴 수 있는 건 지금까지 수많은 과학자가 인류의 삶을 개선하고자 노력한 결과입니다. 원소에 대한 이해와 과학 기술의 발전으로 그 어느 때보다 건강하고 편리한 삶을 살게 됐죠.

과학자들은 세상에 존재하는 물질의 비밀을 알아내려고 옛날부터 끊임없이 연구하고 또 연구해 왔습니다. 그리고 마침내 세상이 118가지 원소로 이루어져 있다는 것을 알아냈어요. 이 원소들을 연구하면서 자연에서 발견되기 어려운 새로운 물질을 만들어 내기도 하고, 식량 부족 문제 등 인류의 어려움을 해결할 수도 있었습니다. 뿐만 아니라 규소 같은 원소의 특징을 살려서 IT 시대에 반도체를 만드는 핵심 재료로도 사용하고 있죠. 정보 기술 분야뿐만 아니라 의학 분야에서도 원소의 특성을 이용해 질병을 치료하고 예방하는 기술을 끊임없이 개발하고 있습니다.

이처럼 인류는 원소와 함께 우리가 살아갈 세상을 만들어 왔어요. 그건 아마 앞으로는 마찬가지일 거예요. 그런 점에서 우리가 원소를 이해하고 주기율표를 살펴보는 것도 어쩌면 하나의 중요한 일이라고 할 수 있지 않을까요? 원소와 주기율표를 배우면서 세상과 우리 스스로를 더욱 깊이 이해하는 열쇠가 될 수도 있으니까요.

일상생활에서 만나는 셀 수 없이 많은 종류의 물건을 한 번쯤 깊이 들여다보는 일도 좋을 거예요. 우리가 무심코 사용해 왔던 것들이 무엇으로 만들어졌는지 찾아보고, 주기율표를 통해서 그 물질을 이루고 있는 원소를 찾아보는 거죠.

예를 들어, 간식을 먹을 때는 간식과 관련된 원소에 대해 한번 생각해 보는 거예요. 후덥지근한 장마철에도 바삭바삭한 과자를 먹을 수 있는 건 질소 덕분이라는 것, 탄산음료의 톡 쏘는 맛은 이산화탄소가 물에 녹아서 생긴 현상이라는 사실을 떠올리는 거죠. 과자를 먹기 전에 사용하는 손소독제는 탄소, 산소, 수소로 이루어진 에탄올이 주성분이라는 것도 생각해 볼 수 있습니다. 어때요? 어렵지 않죠?

그렇게 우리 주변의 원소를 하나씩 만나고 알아가다 보면, 매일 매일이 주기율표를 탐험하는 것 같을 거예요. 그리고 어쩌면 지금까지 아무도 알아내지 못한 아주 엄청난 발견을 이룰 수도 있겠죠.

지금까지 과학의 역사가 보여 주었듯 미래에 우리가 맞이하게 될 세상도 원소를 통해 더 나은 방향으로 나아갈 수 있다고 믿습니다.

그럼, 오늘도 재미있고 신나는 주기율표 탐험과 함께하기를 바랄게요.

참고 문헌

- 곽영직, 『보어가 들려주는 원자모형 이야기』, 자음과모음, 2010.
- 김병민, 『주기율표를 읽는 시간』, 동아시아, 2020.
- 노태희, 『중학교 과학 2』, 천재교과서, 2019.
- 박성혜, 『영재들을 위한 화학 강의』, 이치사이언스, 2011.
- 박지선, 『3, 2, 1, 로켓 발사!』, 그레이트북스, 2019.
- 벤저민 와이커, 『주기율표의 수수께끼』, 이충호 옮김, 실천문학사, 2011.
- 송진웅 외, 『고등학교 통합과학 자습서』, 동아출판, 2018.
- 알렉스 프리스, 『화학이 뭐야?』, 이충호 옮김, 푸른숲주니어, 2010.
- 에티엔느 클랭, 『모든 게 원자로 이루어졌다고?』, 곽노경 옮김, 주니어김영사, 2006.
- 요리후지 분페이, 『원소 생활』, 나성은·공영태 옮김, 이치사이언스, 2011.
- 원소주기연구회, 『시끌벅적 화학원소 아파트』, 박재현 옮김, 반니, 2016.
- 이미하, 『멘델레예프가 들려주는 주기율표 이야기』, 자음과모음, 2010.
- 이재호, 『가르쳐주세요! 방사능에 대해서』, 일출봉, 2008.
- 임수현, 『가르쳐주세요! 원자구조에 대해서』, 일출봉, 2008.
- 장홍제, 『원소가 뭐길래』, 다른, 2017.
- 정완상, 『가르쳐주세요! 원자력에 대해서』, 일출봉, 2008.
- 정완상, 『퀴리부인이 들려주는 방사능 이야기』, 자음과모음, 2010.
- 조경철, 『우주로켓』, 별공작소, 2009.
- 최미화, 『커다란 세계를 만드는 조그만 원자』, 웅진주니어, 2011.
- 캐서린 쿨렌, 『천재들의 과학노트』, 곽영직 옮김, 일출봉, 2007.
- 톰 잭슨, 『세상을 이루는 모든 원소 118』, 김현정 옮김, 예림당, 2017.

◦ 폴 스트레턴, 『멘델레예프의 꿈』, 예병일 옮김, 몸과마음, 2003.
◦ 피터 워더스, 『원소의 이름』, 이충호 옮김, 윌북, 2021.
◦ 황근기, 『Why? 와이 로켓과 탐사선』, 예림당, 2019.
◦ 황성용 외, 『고등학교 화학 1』, 동아출판, 2018.
◦ K. 메데페셀헤르만 외, 『화학으로 이루어진 세상』, 권세훈 옮김, 에코리브르, 2007.
◦ 이재원·김우병, 「리튬이차전지 전극소재 연구동향」, 『한국분말야금학회지』21권 6호, 2014.
◦ 정항철 외, 「리튬이온이차전지 소재의 산업동향 및 기술전망」, 『한국분말야금학회지』17권 3호, 2010.

참고 사이트

- 경향신문 (www.khan.co.kr)
- 과학기술정보통신부 (www.msit.go.kr)
- 교육부 공식 블로그 (if-blog.tistory.com)
- 대한민국정책브리핑 (www.korea.kr)
- 동아사이언스 (www.dongascience.com)
- 사이언스올 (www.scienceall.com)
- 사이언스타임즈 (www.sciencetimes.co.kr)
- 중학독서평설 포스트 (post.naver.com/dokpyeong2)
- 프리미엄콘텐츠 (contents.premium.naver.com)
- 한국민족문화대백과사전 (encykorea.aks.ac.kr)
- 한국항공우주연구원 블로그 (blog.naver.com/karipr)
- HORIZON (horizon.kias.re.kr)

기호를 알면 성격이 보이는 원소

초판 1쇄 발행일 | 2022년 10월 17일
초판 2쇄 발행일 | 2024년 8월 1일

지은이 | 도영실
펴낸이 | 정은영

펴낸곳 | (주)자음과모음
출판등록 | 2001년 11월 28일 제2001-000259호
주　소 | 10881 경기도 파주시 회동길 325-20
전　화 | 편집부 (02)324-2347, 경영지원부 (02)325-6047
팩　스 | 편집부 (02)324-2348, 경영지원부 (02)2648-1311
이메일 | jamoteen@jamobook.com

ISBN 978-89-544-4852-9(43430)